Diseño de Instalaciones Eléctricas Domiciliarias
Júpiter Figuera Yibirín
Juan Guerrero Márquez

Revisión y corrección:
Prof. Carlos Lezama
Prof. Ernesto Leal

Maquetación, dibujos e ilustraciones:
Prof. Júpiter Figuera Yibirín

ISBN: 9781711368108

Buenos Aires, Argentina, noviembre 2019

JÚPITER FIGUERA   JUAN GUERRERO

DISEÑO DE INSTALACIONES

ELÉCTRICAS DOMICILIARIAS

TERCER LIBRO DE UNA SERIE DE SIETE

Dedicatorias

A mi bella esposa Isabel
A Celeste, Brisa, Karlene, Karla, Katherine y Mateo Alejandro
(JÚPITER FIGUERA YIBIRÍN)

A mi querida esposa, Alba
A mis amados hijos Ninel, Juan, Libia y Miriam
(JUAN GUERRERO MÁRQUEZ)

Agradecimientos

Agradecemos la revisión exhaustiva que de los originales de esta obra hizo el Prof. Carlos Lezama; aunque inconclusa por el azar del destino, su laboriosa tarea siempre nos acompañará. Asimismo reconocemos la cuidadosa revisión llevada a cabo por el escritor Ernesto Leal para perfeccionar su estilo final. Por último, apreciamos altamente la invalorable ayuda prestada por la empresa PUBLITEXT C. A.

INTRODUCCIÓN

A QUIÉN ESTÁ DIRIGIDO ESTE LIBRO

Este libro está dirigido a quienes diseñan las instalaciones eléctricas. Se refiere al estudio de los tomacorrientes e interruptores utilizados en las instalaciones eléctricas residenciales, comerciales e industriales. En cuanto a los tomacorrientes, se estudian sus características, su capacidad y cableado, así como la relación de los distintos tipos de tomacorrientes con las normas de seguridad eléctrica. Se estudia el interruptor de corriente por fallas a tierra (GFCI), así como su funcionamiento y cableado, sus limitaciones y tipos. Los circuitos multiconductores son un tema de este capítulo. Se menciona el interruptor contra fallas de arco. Asimismo, a partir de conceptos básicos se presentan los distintos tipos de interruptores (SPST, SPDT), describiendo su funcionamiento y su uso en las instalaciones eléctricas. Se muestran diagramas pictóricos de los cableados utilizados para encender luminarias, desde distintos sitios de una residencia o edificación, mediante el uso de interruptores sencillos (unipolares), de tres vías y de cuatro vías. De manera similar, se establece cómo se deben colocar los tomacorrientes, interruptores y luminarias en los ambientes de una residencia. Se mencionan los equipos y artefactos eléctricos más comunes en una unidad residencial y se dan indicaciones sobre las distancias que deben mantener los tomacorrientes entre sí y con respecto a los muebles que se encuentran en los distintos espacios de una vivienda. El estudio tiene en cuenta tanto tomacorrientes interiores como exteriores a la residencia.

CONOCIMIENTOS REQUERIDOS

Para abordar el estudio del presente libro se requieren los elementos básicos de la electricidad y de las operaciones aritméticas fundamentales.

NORMAS EN LAS CUALES SE BASA ESTE LIBRO

A lo largo del texto se menciona el apego del contenido a las normas que rigen el cálculo de las instalaciones eléctricas residenciales. Para ello se consultaron regulaciones de los países latinoamericanos y del **National Electrical Code** (**NEC**) de los Estados Unidos. Este último ha servido de base para la redacción de los códigos de varios países de Latinoamérica. En el caso de Venezuela, el **National Electrical Code** ha sido traducido al idioma español. Este código fue adaptado a las características venezolanas y designado como **Código Eléctrico Nacional** (**CEN**), por cuanto «los procedimientos de construcción y los materiales que se utilizan en Venezuela son los mismos en ambos países».

ILUSTRACIONES

En el desarrollo del contenido se hace un uso abundante de las figuras relacionadas con los conceptos teóricos. De esta manera se busca lograr una mayor comprensión del material de estudio. La transformación de las ideas expuestas en hermosas ilustraciones, muy cercanas a lo que la realidad presenta, hace más atractiva la lectura del texto y complementa la aprehensión del conocimiento.

ORGANIZACIÓN

Se divide el libro en secciones enumeradas en orden correlativo. Se presenta un número apreciable de ejemplos y al final del mismo se proponen preguntas teóricas y problemas en relación con lo estudiado. Numerosas ilustraciones, referidas a los temas descritos, refuerzan los planteamientos teóricos. Las tablas incluidas aportan datos y particularidades de los conductores que caracterizan a las instalaciones eléctricas y son útiles para seleccionarlos. Dichas tablas fueron adaptadas, en su mayoría, de los códigos eléctricos que rigen el diseño de las instalaciones.

OBSERVACIÓN

Aunque este libro es parte de una colección de siete libros donde se estudian, en forma consecutiva, los temas necesarios para lograr un diseño confiable de una instalación eléctrica, cada uno de ellos puede ser utilizado por separado para que el lector adquiera el conocimiento de los particulares de un sistema eléctrico. Los tópicos tratados son los siguientes:

a. Conductores eléctricos.
b. Canalizaciones y cajas eléctricas.
c. Tomacorrientes, interruptores y luminarias.
d. Protección de circuitos ramales.
e. Acometidas y alimentadores.
f. Puesta a tierra de las instalaciones eléctricas.
g. El proyecto eléctrico residencial.

CONTENIDO

TOMACORRIENTES

1. CARACTERÍSTICAS DE LOS TOMACORRIENTES

En toda residencia, oficina, comercio, industria o lugar donde se realicen actividades propias del ser humano es seguro encontrar tomacorrientes. Tales componentes eléctricos se definen como *dispositivos de contacto en los cuales se conecta un enchufe con el objeto de suministrar energía a artefactos y equipos que utilizan la electricidad*. Es decir, los tomacorrientes se utilizan para suministrar energía eléctrica a gran diversidad de artefactos eléctricos o electrónicos, entre los cuales podemos mencionar ventiladores, computadoras, neveras, lavadoras, microondas, radios, TV, equipos de sonido y equipos de aire acondicionado. Aunque visibles en una instalación eléctrica, los tomacorrientes poseen en su interior características que un especialista en el área de la electricidad debe conocer. De allí que sea importante estudiar las partes de los mismos y cómo se debe hacer la conexión con los conductores que les suministran energía.

Hay gran variedad de tomacorrientes cuya construcción obedece al uso a que están destinados. Básicamente, cuando se trata de uso residencial, podemos encontrar *tomacorrientes sencillos y tomacorrientes dobles*. Los primeros se utilizan para conectar un solo equipo o aparato, mientras que a los dobles se pueden conectar dos equipos. Actualmente no es común utilizar tomacorrientes sencillos a lo largo de una instalación eléctrica; se prefieren los dobles, por su más alta capacidad de conexión, salvo en aquellas aplicaciones especializadas que obligan a usarlos. Tal sería el caso de los tomacorrientes para equipos como acondicionadores de aire, secadoras, bombas eléctricas, cocinas eléctricas y calentadores de agua.

Para hacer uso de la energía eléctrica se utilizan enchufes cuyas formas se adaptan a la geometría de los tomacorrientes a fin de poder penetrar en los mismos. Básicamente, las partes anterior y posterior de los tomacorrientes son aislantes y están hechas de un material plástico o de nylon, mientras que sus partes internas son metálicas y a partir de ellas emergen los puntos de contactos para los conductores que se les conectan.

En la **Fig. 1** se muestra un tomacorriente de los que se encuentran frecuentemente en nuestros hogares. Se trata de un dispositivo con dos plaquitas, a las cuales se unen tornillos terminales para la conexión de los conductores de fase y neutro. En este tipo de tomacorriente *no polarizado* no existe un terminal de puesta a tierra y sus terminales pueden recibir, en forma intercambiada, los conductores de fase y neutro. Asimismo, las ranuras deben conectarse a un enchufe que posea dos clavijas de iguales dimensiones. La presencia de este tipo de tomacorriente en las instalaciones eléctricas residenciales es un peligro latente para las personas, porque no ofrece protección en el caso de que las armaduras de los equipos conectados entren en contacto con el conductor de fase. El riesgo por electrocución es alto y es necesario cambiar la acentuada costumbre de colocar este tipo de tomacorriente. *El término no polarizado se refiere al hecho de que los conductores de fase y neutro pueden conectarse a cualquiera de los tornillos del tomacorriente.* La falta de polarización introduce un factor adicional de inseguridad que discutiremos posteriormente.

Otra alternativa que se puede encontrar se ilustra en la **Fig. 2**. Se trata de un *tomacorriente polarizado, pero sin terminal de puesta a tierra.* No se debe intentar conectar mediante modificaciones mecánicas el conductor de fase al neutro o viceversa. Esta alternativa agrega cierta seguridad a la instalación, pero no soslaya el problema de posible electrocución derivado de la carencia del terminal de puesta a tierra. La diferencia en los tamaños de las ranuras y las dimensiones de las clavijas del enchufe que traen los equipos a conectar garantizan que no se producirá una inversión entre los terminales de fase y neutro, a menos que, mecánicamente, se obligue a cometer el error de producir la inversión. *Al terminal bronceado se debe conectar el conductor activo (fase), y al terminal plateado se debe conectar el neutro.*

Un tomacorriente más seguro que los anteriores se presenta en la **Fig. 3**. Su uso en instalaciones eléctricas reduce considerablemente el riesgo de electrocución. Como se puede ver, el tomacorriente posee dos ranuras de tamaños diferentes: *la pequeña corresponde a la fase y la mayor al neutro.* Además, destaca la presencia de un orificio semicircular al cual está conectado el terminal de puesta a tierra del dispositivo. Se trata entonces de un *tomacorriente doble, polarizado y con terminal de puesta a tierra.* Este último se pone en contacto, por medio del enchufe,

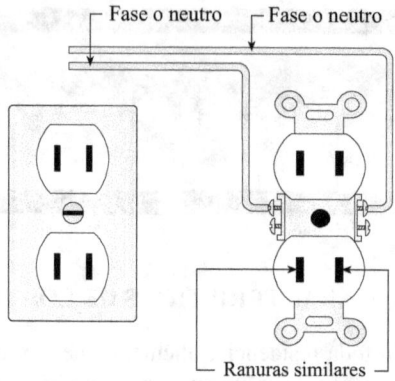

Fig. 1 Tomacorriente doble, no polarizado y sin terminal de puesta a tierra. Las ranuras de fase y neutro son de igual tamaño.

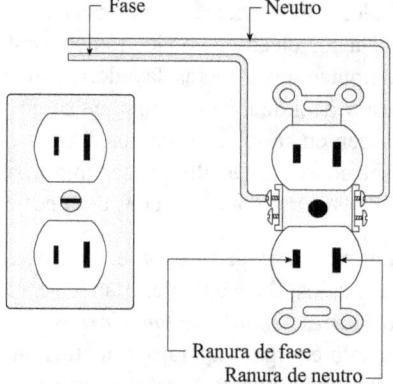

Fig. 2 Tomacorriente doble, polarizado, sin terminal de puesta a tierra. La ranura de la fase es más pequeña que la ranura del neutro.

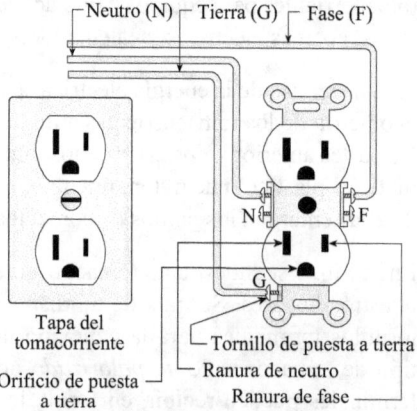

Fig. 3 Tomacorriente doble, polarizado, con terminal de puesta a tierra. Las ranuras de fase y neutro tienen distintos tamaños. Se añade un orificio correspondiente a la puesta a tierra.

a la tierra del equipo que se vaya a utilizar. De esta forma se disminuye el riesgo de la persona que hace uso de la electricidad al conectar un aparato doméstico o industrial.

No todos los tomacorrientes tienen la misma calidad. Los de baja calidad son proclives a resquebrajarse, a causar cortocircuitos y a crear conexiones pobres que pueden ser causa de incendios. Los de calidad media se pueden usar en pasillos y habitaciones, mientras que en la cocina, el lavadero y otros sitios donde su uso es frecuente, se deben emplear tomacorrientes de buena calidad. Un indicativo de la buena calidad de los tomacorrientes se encuentra en las marcas impresas en su cara anterior. Allí se indican el voltaje y la corriente para la cual fue diseñado (ver **Fig. 4**), según las normas de la **NEMA** (*National Electrical Manufacturers Asociation*) y el **estándar UL** (*Underwriters Laboratories*), que indica el sometimiento a rigurosas pruebas del dispositivo y su aprobación como elemento seguro.

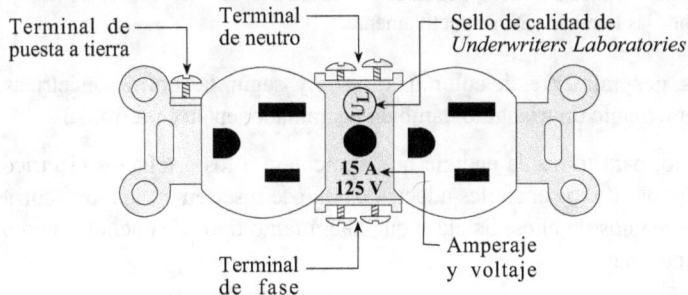

Fig. 4 En un tomacorriente deben estar presentes las marcas sobre amperaje y voltaje. El sello UL garantiza la calidad del mismo.

Los tomacorrientes se clasifican de acuerdo con el voltaje y la corriente que soportan. Así encontramos tomacorrientes de 125 V/15 A, que se deben usar en circuitos ramales de 120 voltios, así como la corriente de los equipos conectados a ellos no debe superar 15 amperios, aun cuando estén conectados a circuitos de 20 A*, que es lo corriente. Este es el tipo más comúnmente encontrado en las instalaciones eléctricas que hemos mostrado en las figuras anteriores de este capítulo. Otros modelos, como los que se indican en la **Fig. 5**, corresponden a tomacorrientes de mayores voltajes y corrientes. Es notoria la presencia del conductor de puesta a tierra en todos ellos, lo cual es indicio de la importancia de la seguridad eléctrica en la instalación.

La especificación NEMA está codificada para todos los tomacorrientes construidos de acuerdo con estas normas, que incluyen gran variedad de geometrías en los mismos.

Aparte de los mencionados, podemos citar la existencia de tomacorrientes especializados, entre los cuales se encuentran los interruptores de circuito por falla a tierra (GFCI, por las siglas en inglés de *Ground Fault Current Interrupter*) y los tomacorrientes que poseen terminales aislados de tierra. Los primeros se usan para evitar descargas eléctricas y proteger contra la electrocución, mientras que los segundos son adecuados para la protección de equipos electrónicos, sensibles a picos transitorios de voltaje; es decir, se utilizan para la reducción de ruidos eléctricos en esos equipos. Ambos son fácilmente distinguibles, como se puede apreciar en la **Fig. 6**. El tomacorriente aislado

---

* Normalmente, un enchufe de 15 A entra en un tomacorriente de 20 A; sin embargo, un enchufe de 20 A no entra, por su configuración, en un tomacorriente de 15 A.

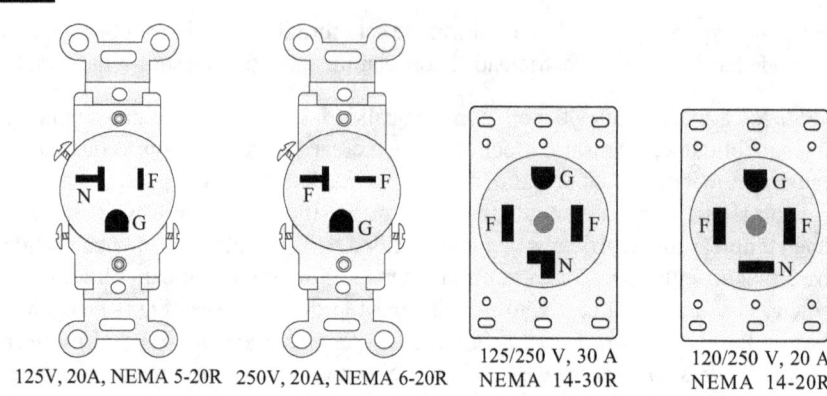

125V, 20A, NEMA 5-20R   250V, 20A, NEMA 6-20R   125/250 V, 30 A NEMA 14-30R   120/250 V, 20 A NEMA 14-20R

Fig. 5 Ejemplos de tomacorrientes construidos según las normas **NEMA**. Es notoria la presencia del terminal de puesta a tierra, denotado por la letra **G**. Los terminales de fase y de neutro se denotan por las letras **F** y **N**, respectivamente.

de tierra es, generalmente, de color anaranjado y, según las normas eléctricas, se debe identificar mediante un triángulo, también anaranjado, en su cara frontal.

Por supuesto, para tomar la energía que alimentará a los artefactos eléctricos, es necesario disponer de los enchufes adecuados que se inserten en los tomacorrientes. La **Fig. 7** presenta dos de ellos. Es claro que habrá tanto tipos de enchufes como tipos de tomacorrientes haya.

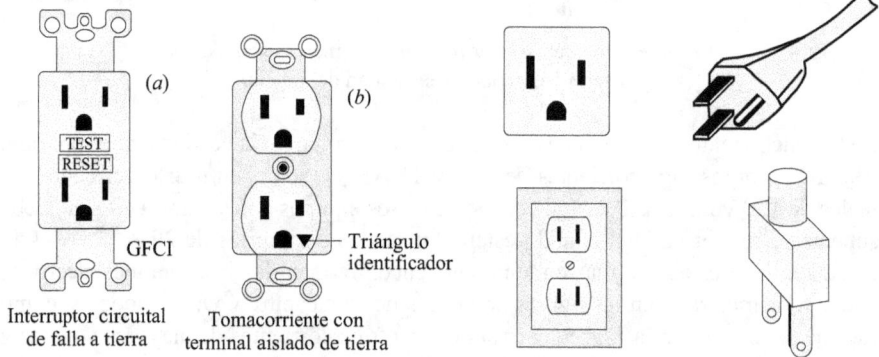

Interruptor circuital de falla a tierra   Tomacorriente con terminal aislado de tierra

Fig. 6 (*a*) Interruptor de falla a tierra. (*b*) Tomacorriente con terminal aislado de tierra. Se observa el triángulo que identifica al tomacorriente aislado de tierra.

Fig. 7 Los enchufes son el puente entre el tomacorriente y el equipo eléctrico a utilizar. La forma de los enchufes dependerá del tipo de tomacorriente.

2. TOMACORRIENTES Y SEGURIDAD ELÉCTRICA

¿Sabías que los tomacorrientes y enchufes son causantes de gran cantidad de incendios y accidentes, incluyendo muertes por electrocución, en el uso de la electricidad? En un típico diagrama eléctrico, tal como se presenta en la **Fig. 8**, todos los tomacorrientes derivan su alimentación del tablero principal o de servicio que se encuentra en cada residencia, comercio o industria, y que, a su vez, es energizado por un transformador reductor, localizado en los exteriores de la edificación.

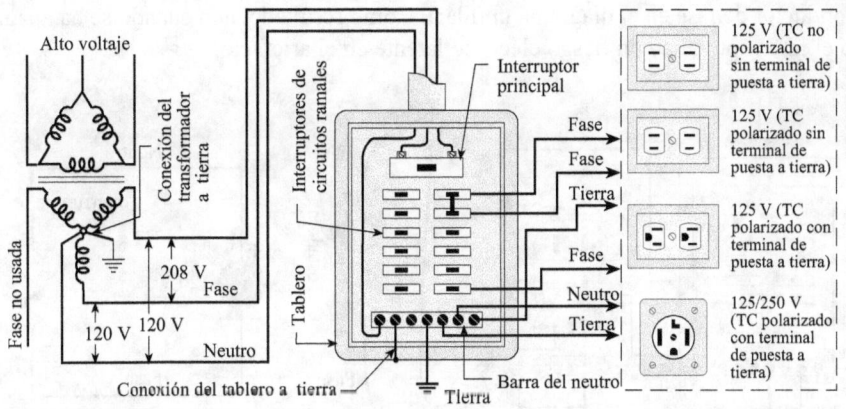

Fig. 8 Alimentación de varios tipos de tomacorrientes a partir del tablero principal de una residencia.

Veamos cómo cada tipo de tomacorriente y su conexión con el tablero principal pueden dar origen a una instalación riesgosa o a una instalación segura.

• *Tomacorriente no polarizado sin terminal de puesta a tierra*: Observemos la **Fig. 9**. El tomacorriente no polarizado se conecta entre conductores de fase y neutro provenientes del tablero principal. Sus terminales de fase y neutro están, asimismo, conectados a sus ranuras de fase y neutro. Como se trata de un tomacorriente no polarizado, con dos ranuras de iguales dimensiones, el enchufe, cuyas clavijas son también iguales, puede, indistintamente, ser conectado en una posición u otra. En este caso, el enchufe se introduce en el tomacorriente, en forma tal que la fase de la alimentación se une al conductor de fase de la tostadora, que conduce hasta su interruptor. Cuando la tostadora está apagada porque su interruptor está en posición abierta, en el interior de la misma hay poca posibilidad de que se produzca un accidente eléctrico, pues el conductor de fase está desactivado. En la parte derecha de la figura se muestra el diagrama unifilar. Supongamos que se invierte el enchufe en el tomacorriente, lo cual se expresa en la **Fig. 10**. La situación ahora es distinta, puesto que el conductor neutro se conecta al interruptor, por lo cual la tostadora queda conectada al conductor de fase

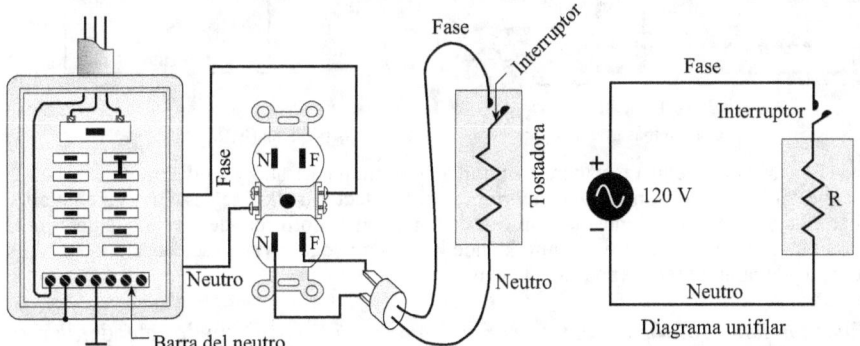

Fig. 9 Conexión de una tostadora a un tomacorriente no polarizado y su diagrama unifilar. Al desconectar la tostadora abriendo el interruptor, el conductor de fase se desactiva en el interior del artefacto eléctrico.

(conductor de fase en el diagrama unifilar). Como resultado, aun cuando se ha apagado el interruptor, hay un riesgo eléctrico latente en el artefacto.

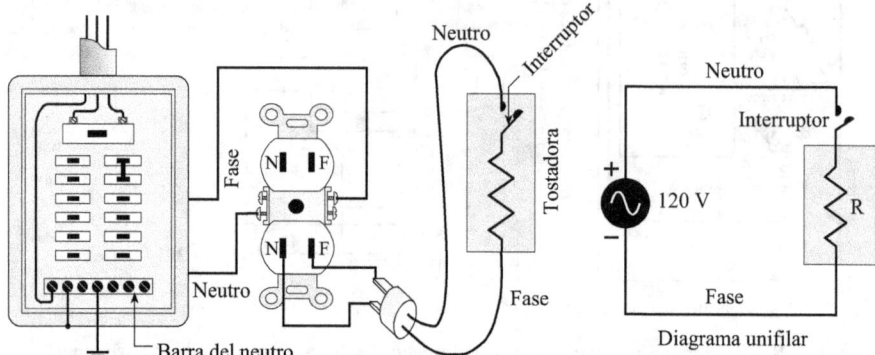

Fig. 10 Conexión de una tostadora a un tomacorriente no polarizado y su diagrama unifilar. Al
desconectar la tostadora, abriendo el interruptor, el conductor de fase queda activo en el interior
del artefacto eléctrico.

• *Tomacorriente polarizado sin terminal de puesta a tierra*: Esta configuración es más
segura que la del caso anterior porque la presencia de ranuras y clavijas de distintos
tamaños en el tomacorriente y el enchufe dificulta la conexión de los equipos en una
posición diferente a la mostrada. Es decir, el conductor de fase siempre se corres-
ponderá con el terminal de fase del interruptor y el neutro del tomacorriente siempre
será conectado al otro terminal del artefacto. De esta forma la instalación es menos
riesgosa. El diagrama unifilar, mostrado en la **Fig. 11**, será único.

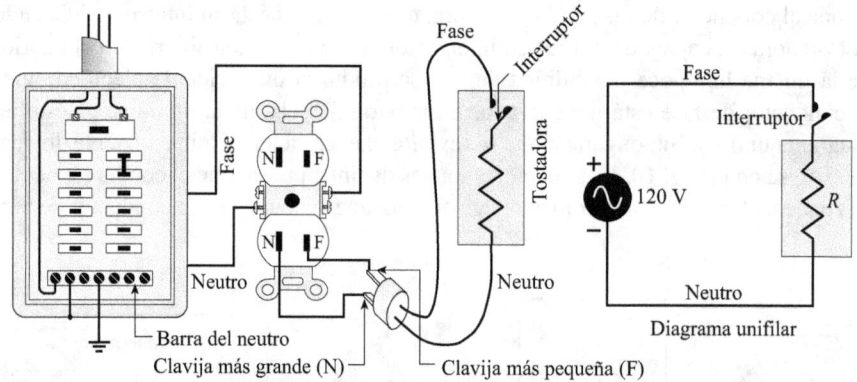

Fig. 11 Conexión de una tostadora a un tomacorriente polarizado y su diagrama unifilar. Al
desconectar la tostadora abriendo el interruptor, el conductor de fase se desactiva en el interior
del artefacto eléctrico. La única posibilidad de conexión se corresponde con lo que determina
la combinación tomacorriente-enchufe, donde la ranura pequeña (fase) se conecta a la clavija
pequeña y la ranura grande (neutro) a la clavija grande.

• *Tomacorriente polarizado con terminal de puesta a tierra*: A fin de entender la protección contra riesgos eléctricos que ofrece una instalación en la cual los tomacorrientes son polarizados y tienen un terminal de puesta a tierra, veamos qué sucedería
cuando se tiene este tipo de tomacorriente y el enchufe no posee la clavija que conecta

a tierra un artefacto eléctrico, como el de la **Fig. 12**. Tal como allí se sugiere, si se produce un contacto del conductor de fase con la cubierta metálica del artefacto, esta quedará energizada y el riesgo de electrocución podría ser alto, ya que la corriente seguiría el camino indicado por las flechitas negras mostradas. Una persona que tocare la cubierta metálica recibiría una descarga eléctrica que podría ser fatal. La corriente fluiría desde el tablero hasta el tomacorriente, y de allí a la tostadora; luego, a través de la persona y, finalmente, regresaría al tablero usando la tierra como conductor. El diagrama unifilar es el de la **Fig. 13**, donde se observa el camino que sigue la corriente, desde el terminal positivo de la fuente hasta su terminal negativo.

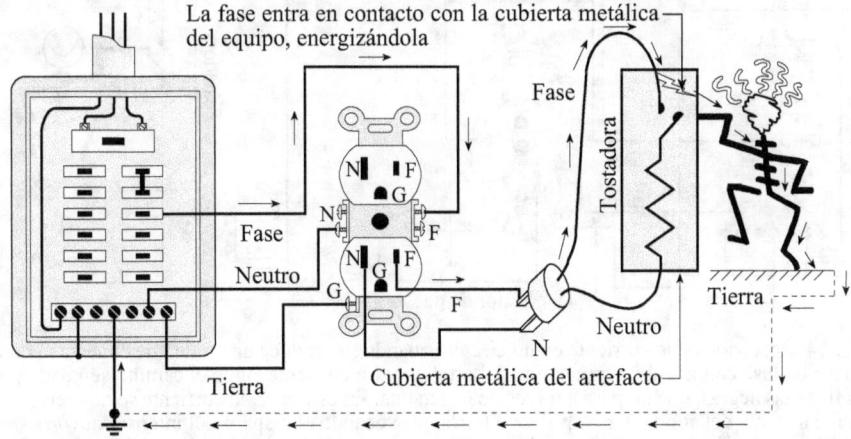

Fig. 12 Recorrido de la corriente en un circuito cuando se produce una falla de contacto que conecta el conductor de fase con la cubierta metálica del artefacto. Las flechitas negras señalan el camino de la corriente que pasa a través de la persona.

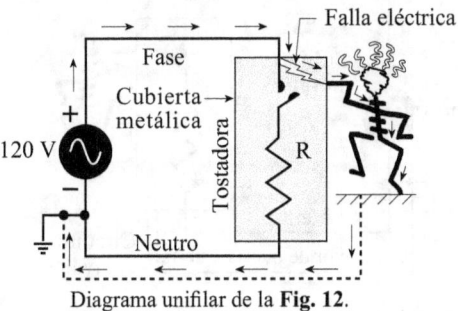

Diagrama unifilar de la **Fig. 12**.

Fig. 13 Recorrido de la corriente para la **Fig 12**, en caso de contacto de la fase con la cubierta metálica del artefacto eléctrico, cuando el tomacorriente no posee la clavija de contacto a tierra.

Veamos ahora cuál es la situación cuando el tomacorriente es polarizado y tiene un terminal de puesta a tierra, el cual se conecta al terminal de puesta a tierra del enchufe y a la cubierta metálica del equipo. Nos referiremos a la **Fig. 14**. Si se produce un contacto entre el conductor de fase y la cubierta metálica, la corriente tiene dos caminos a seguir: a través de la persona o a través del metal y, de allí, al tablero de entrada. El camino más fácil es el de la parte metálica de la tostadora, ya que presenta una resistencia mucho menor que la del cuerpo humano. Como consecuencia, la corriente se devuelve a su fuente, el tablero, siguiendo el conductor de puesta a tierra, que está en contacto con la parte metálica del artefacto. De esta manera se evita el shock eléctrico a la persona y se elimina el riesgo de electrocución. El exceso de corriente hace que el *breaker* en el tablero se dispare, desconectando el conductor de fase del circuito. Las flechitas indican el flujo de la corriente. La **Fig. 15** muestra el diagrama unifilar.

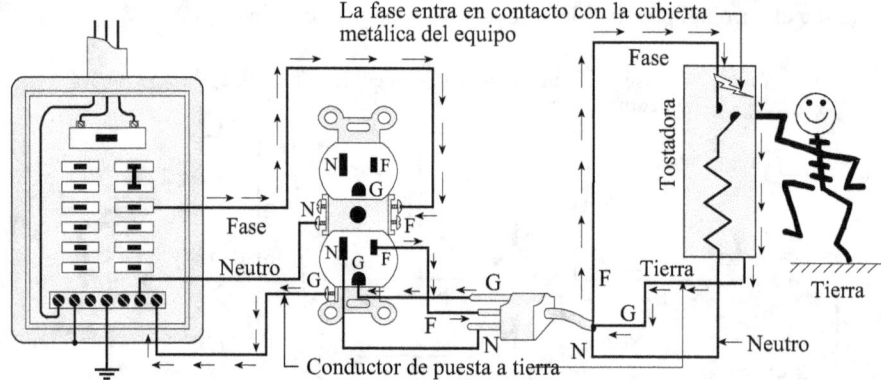

Fig. 14 Recorrido de la corriente en un circuito cuando se produce una falla que conecta el conductor de fase con la cubierta metálica del artefacto. La corriente sigue el camino señalado por las flechitas negras, que no pasa a través de la persona. En este caso, la corriente se devuelve a la fuente a través del conductor de puesta a tierra, provocando el disparo del interruptor (*breaker*) del tablero principal. De esta forma, la persona no corre peligro al producirse la falla.

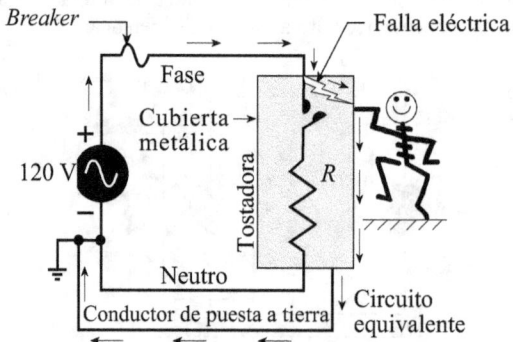

Fig. 15 Diagrama unifilar de la **Fig. 14**. Recorrido de la corriente, en caso de contacto de la fase a la cubierta metálica del artefacto eléctrico, cuando el tomacorriente y el enchufe poseen terminales de puesta a tierra y la cubierta metálica está, también, puesta a tierra.

• *Tomacorriente polarizado con terminal de puesta a tierra cuando el equipo conectado al circuito ramal es de 208 V*: En esta situación (ver **Fig. 16**) el tomacorriente y el enchufe poseen dos terminales de fase, uno de neutro y uno de puesta a tierra. Asimismo, tanto el tablero como la lavadora tienen sus envolturas metálicas conectadas a tierra. De producirse una falla del circuito, de manera que alguna de las fases entre en contacto con la cubierta metálica de la lavadora, la corriente circulará a través del cable de puesta a tierra, evitando el riesgo para las personas que entren en contacto con la cubierta de la lavadora. El interruptor del tablero se disparará por la presencia de una corriente excesiva, originada por la falla. El caso es parecido al discutido para la **Fig. 14**, salvo por la presencia de dos fases, cualquiera de las cuales podría causar el problema.

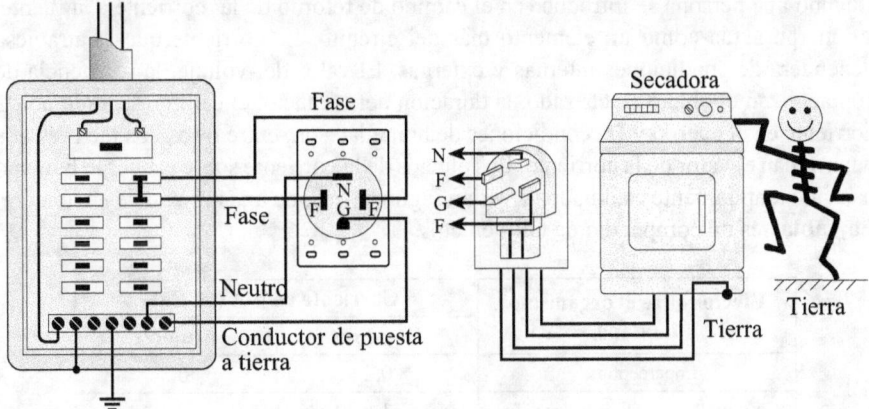

Fig. 16 Circuito ramal para una secadora que es alimentada por dos fases, un neutro y el cable de puesta a tierra que sirve de protección. De presentarse contacto de alguna de las fases con la armadura metálica de la secadora, se produciría una alta corriente, la cual circularía por el cable de puesta a tierra y accionaría el interruptor correspondiente en el tablero principal. De esta manera se evitaría que fuera electrocutada una persona que tocara la secadora.

3. INTERRUPTOR DE FALLA A TIERRA (GFCI)

Las fallas a tierra suceden cuando se produce una ruptura del aislamiento del conductor activo (fase) como consecuencia del desgaste por uso excesivo, malas prácticas de instalación o uso indebido de equipos y artefactos. Si ocurre la ruptura del aislante y el conductor de fase hace contacto con la armadura metálica del equipo conectado, se crea una situación altamente peligrosa.

• *¿Qué es una falla a tierra?*: El interruptor de falla a tierra, comúnmente conocido como GFCI por sus siglas en inglés *Ground Fault Current Interruptor*, es un dispositivo eléctrico diseñado para detectar fallas a tierra. Esta capacidad de interrupción protege a las personas de *shocks* eléctricos fatales y previene el daño a edificaciones y bienes.

Normalmente, el flujo de corriente en un circuito va desde el tablero principal hasta el conductor de fase; de allí, a la carga; finalmente, vuelve al tablero a través del conductor neutro. Si este camino no es seguido y alguna de las fases se pone en contacto con la cubierta metálica de la carga o con cualquier otra superficie o cuerpo conectado a tierra, como una tubería metálica, agua, concreto en contacto con la tierra o una lámpara con partes conductoras, se habla de una falla a tierra. Una situación fatal podría presentarse cuando en ese recorrido anormal se encuentra una persona. Cientos de personas perecen anualmente en el mundo por electrocución. Se estima que dos tercios de esas víctimas fatales no habrían fallecido si los circuitos ramales donde se produjo la falla a tierra hubieran estado protegidos por GFCI.

• *Efectos de un shock eléctrico*: El *shock* eléctrico en los seres vivos causa daños que pueden resultar irreversibles o fatales. Se pueden producir hemorragias internas y destrucción de tejido muscular y nervioso. Esto sin tener en cuenta los daños concurrentes producidos por caídas, quemaduras o fracturas óseas.

Cuando una persona se introduce en el camino de retorno de la corriente a la fuente, su cuerpo actúa como un elemento más del circuito. La corriente que lo atraviesa dependerá de condiciones internas y externas. El valor del voltaje, la resistencia de contacto con el objeto electrizado, la duración del contacto, el camino seguido por la corriente en el cuerpo y las condiciones de humedad son, entre otros, los factores que determinan el valor de la corriente. Los efectos de la corriente sobre el cuerpo humano han sido ampliamente estudiados y varían según se trate de una mujer o de un hombre. La **Tabla1** es un compendio de tales efectos.

Efecto sobre el organismo humano	Corriente en mA (60 Hz)	
	Hombres	**Mujeres**
Imperceptible.	0.4	0.3
Cosquilleo, umbral de percepción,	1.1	0.7
Choque eléctrico, sin dolor, no hay contracción muscular.	1.8	1.2
Choque eléctrico, dolor, sin contracción muscular.	9.0	6.0
Choque eléctrico, dolor, umbral de contracción muscular.	16.0	10.5
Choque eléctrico, dolor severo. Contracción muscular con inmovilización. Paro respiratorio.	23	15
Fibrilación muscular después de tres segundos. Seguramente fatal.	> 100	> 100

Tabla 1 Efectos de la corriente sobre el cuerpo humano.

La **Tabla 1** muestra que una corriente superior a 100 mA es, generalmente, fatal, sobre todo si su duración supera los 3 segundos. Aun cuando la resistencia del cuerpo humano cambia según las condiciones internas y externas, se ha determinado que la misma puede variar desde unos cientos hasta miles de ohmios. Su valor, en un momento dado, puede ser el umbral entre la vida y la muerte. Esta variabilidad hace más difícil establecer las condiciones de seguridad eléctrica y un voltaje que, si bien puede producir una sensación de cosquilleo en una persona, puede ser fatal en otra, según las condiciones de humedad que presente la piel, principal punto de contacto entre un equipo o artefacto eléctrico y la tierra. El interior del cuerpo está constituido por agua con sales minerales y otros elementos buenos conductores de la electricidad, por lo que es la piel la que más incide en los valores de resistencia. La resistencia eléctrica corporal también varía según la forma del contacto entre el objeto energizado y la piel: de la mano al pie, entre las dos manos, entre los dos pies, etc.

Cuando la piel está seca, su resistencia puede ser tan alta como 500.000 Ω, siendo su valor alrededor de 100 Ω cuando la piel está humedecida o empapada de agua. Las mayores lesiones y la electrocución ocurren en este último caso. El caso más dramático tiene lugar en bañeras, donde la caída de un artefacto eléctrico, como un secador de pelo, podría convertirlas en trampas mortales. Si usamos los valores mencionados de resistencia y un voltaje de 120 V, los valores de corriente serán:

$$I_1 = \frac{120}{500\ 000} = 0.24 \text{ mA} \qquad\qquad I_2 = \frac{120}{100} = 1\ 200 \text{ mA}$$

En el primer caso, la corriente será imperceptible, mientras que en el segundo resultará fatal.

Generalmente, voltajes por encima de 50 voltios son considerados peligrosos. A partir de ese valor, deben tomarse las medidas que reduzcan los riesgos eléctricos. Hay que hacer notar, sin embargo, que es la corriente la que produce lesiones importantes y que su intensidad en el cuerpo humano debe limitarse a valores que no produzcan efectos dañinos.

• *¿Cómo funciona un interruptor de falla a tierra?*: Una vez sensibilizado el lector sobre la importancia de evitar choques eléctricos, veamos cómo un detector de falla a tierra (GFCI) aumenta la seguridad en los sistemas eléctricos. Un GFCI es un interruptor de falla a tierra que constantemente monitorea la diferencia en corriente entre la fase y el neutro de un circuito ramal. Si esta diferencia no es igual a cero, se dispara un interruptor que el GFCI posee en su interior y el circuito ramal se desconecta de la red.

El principio de funcionamiento es muy sencillo y puede entenderse observando la **Fig. 17**, en la cual, para ilustrar la operación, se utiliza una simple resistencia que representa a un artefacto eléctrico conectado al circuito.

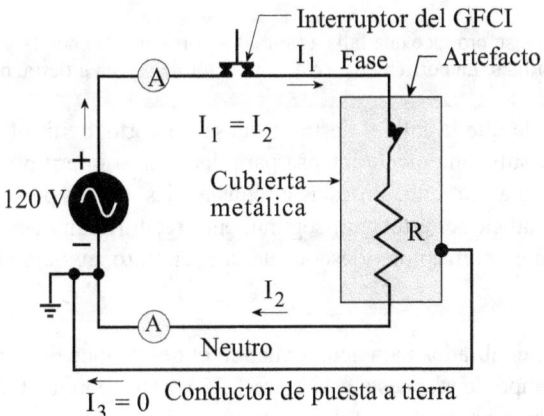

Fig. 17 En el circuito mostrado, las corrientes I_1 en la fase e I_2 en el neutro son iguales. La corriente I_3, en el conductor de puesta a tierra, es nula.

Bajo condiciones normales de funcionamiento, los amperímetros, que miden las corrientes I_1 e I_2, tienen las mismas lecturas. Es decir, $I_1 = I_2$. La corriente en el conductor de puesta a tierra, I_3, es igual a cero, puesto que no hay ninguna conexión al conductor activo (fase) del circuito. El interruptor externo al artefacto, que mantiene el flujo de corriente, está cerrado, garantizando la operación normal.

¿Qué sucede cuando en el interior del artefacto eléctrico conectado tiene lugar una falla a tierra? Esta situación se ilustra en la **Fig. 18**. La falla puede ser de naturaleza tal, que no necesariamente produzca el disparo del *breaker* en el tablero principal, por ser la corriente relativamente pequeña o porque, si lo produce, su tiempo de acción podría resultar relativamente grande. Esta condición es representada por la resistencia de la **Fig. 18**, que conecta el conductor activo (fase) a la cubierta metálica del artefacto eléctrico. Como resultado, las corrientes en la fase y el neutro, I_1 e I_2, no son iguales y se origina una corriente en el conductor de puesta a tierra. Es decir, entre fase y neutro hay un desbalance de corriente, producto de la falla a tierra. Es precisamente ese desbalance el que utiliza el GFCI para activar el interruptor de fase, como se ilustra en esa figura.

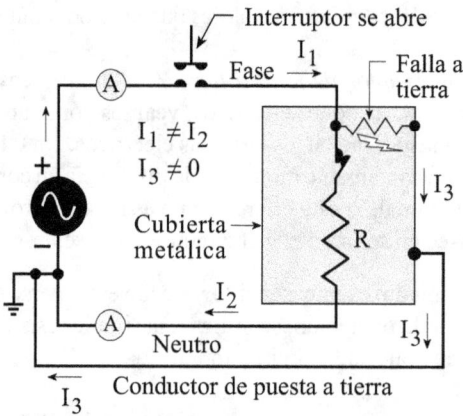

Fig. 18 Cuando se produce una falla a tierra, las corrientes I_1 en la fase e I_2 en el neutro son distintas. La corriente I_3, en el conductor de puesta a tierra, no es nula.

En el supuesto de que la falla a tierra no fuese un cortocircuito franco, la corriente I_3 podría no ser suficientemente intensa para disparar el interruptor del tablero principal que protege al circuito. En estas circunstancias, si una persona llegara a tocar la cobertura metálica del artefacto, seguramente recibiría una descarga eléctrica. El GFCI dispararía el interruptor y desconectaría el circuito, evitando de esta manera un desenlace fatal.

Los GFCI están calibrados para actuar cuando el desbalance de corriente es superior a 5 mA y su tiempo de respuesta está entre 1/25 a 1/30 segundos, 25 a 30 veces más rápido que el tiempo entre dos latidos sucesivos del corazón.

Uno podría pensar que bastaría con la protección ofrecida por el interruptor del tablero principal y la presencia de un conductor de puesta a tierra para tener una instalación eléctrica segura. De nuevo, se debe enfatizar que estos interruptores están diseñados para corrientes muy altas y que su papel fundamental es el de proteger las instalaciones eléctricas, las edificaciones civiles y los equipos conectados a las mismas. Los GFCI, por otro lado, están destinados principalmente a la protección de las personas que se interrelacionan con esas instalaciones. Esta protección, soslayada normalmente en las instalaciones eléctricas residenciales, es causa de lamentables accidentes eléctricos. De allí la necesidad de crear conciencia en quienes se encargan del diseño y cableado eléctrico en hogares.

Para precisar cómo el GFCI protege a una persona de un shock eléctrico, observemos la **Fig. 19**. Supongamos que la corriente que entra y sale del GFCI es 1.25 A en ausencia de cualquier falla a tierra. Si, por cualquier causa, el conductor activo (fase) se pone en contacto con la carcasa (cubierta metálica) del motor, se produce una falla en la instalación. Si este contacto no crea las condiciones de corriente para que se dispare el interruptor en el tablero principal, hay un peligro latente para quien toque la carcasa del motor. Por ejemplo, si el interruptor es de 30 A, no se disparará con una diferencia de corriente de 0.25 A (250 mA). Cuando una persona toca la envoltura metálica, añade un camino adicional para la corriente, que supondremos igual a 250 mA, capaz de producirle graves consecuencias, incluyendo la muerte (ver **Tabla 1**), si la duración de esa corriente es suficientemente prolongada. Es esa la gran ventaja del GFCI: al detectar que en el terminal de entrada la corriente difiere de la corriente de salida en 250 mA, inmediatamente desconecta la fase y el neutro. Por supuesto, dicha persona recibirá un shock eléctrico instantáneo que tal vez se reduzca, por su corta duración, a un simple susto, pero no perecerá electrocutada.

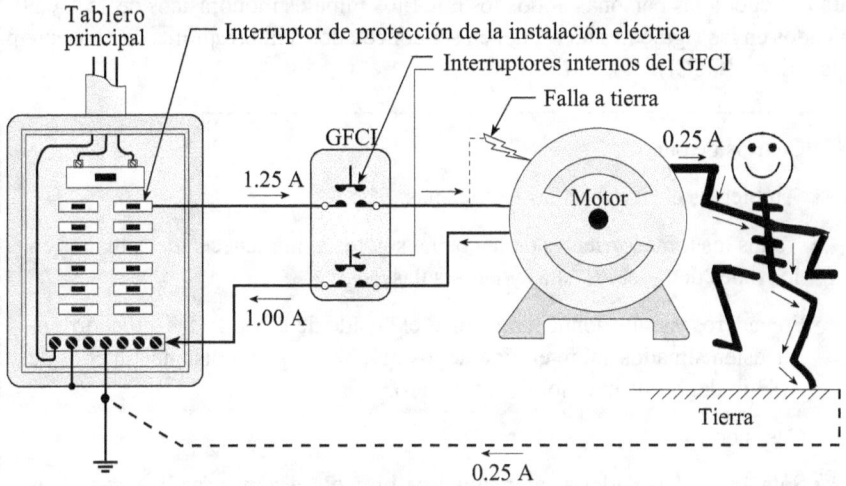

Fig. 19 El GFCI detecta la diferencia entre la fase y el neutro. Cuando esa diferencia alcanza 0,25 A, para la figura mostrada, el dispositivo desconecta los conductores de fase y neutro. De esta manera, la persona recibe solo una descarga instantánea al tocar la carcasa del motor.

4. CIRCUITO BÁSICO DE UN GFCI

El circuito básico de un GFCI se muestra en la **Fig. 20**. Su electrónica está constituida por amplificadores operacionales que detectan la diferencia en las dos bobinas del transformador diferencial. Esta corriente diferencial se dirige a un comparador electrónico, que activa el circuito de disparo cuando su corriente de salida es diferente de cero. De esta manera se desconectan tanto la fase como el neutro de la instalación que alimenta a la carga. Para que la salida del comparador no sea igual a cero, es necesario que en el conductor de puesta a tierra se genere una corriente a través de la cubierta metálica de la carga conectada.

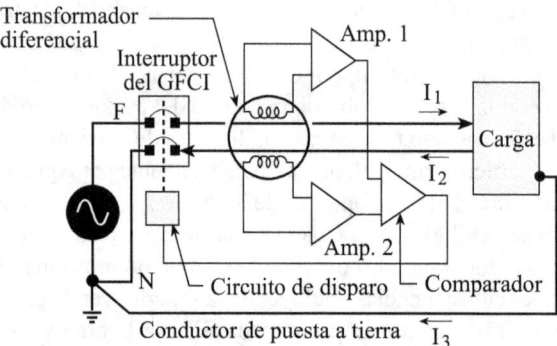

Fig. 20 Circuito básico de un GFCI. Cuando se produce una falla a tierra, las corrientes I_1 e I_2 son distintas, la corriente I_3 en el conductor de tierra no es nula y el GFCI se dispara.

5. ¿DÓNDE SE DEBEN USAR LOS GFCI?

Para proteger a las personas, todos los circuitos ramales monofásicos de 15A y 20 A, ubicados en las siguientes áreas, deben ser conectados a interruptores de corriente por falla a tierra (GFCI):

- Cuartos de baños.

- Ambientes exteriores a las residencias.

- Todos los tomacorrientes de la cocina sujetos a humedecerse y situados en los topes de muebles, islas y penínsulas.

- Fregaderos y sitios donde tenga lugar el lavado de la ropa y los tomacorrientes estén situados sobre el tope de los muebles y a una distancia menor de 1,83 m del borde exterior del fregadero.

- Casas botes.

- Sótanos no destinados a habitaciones y limitados a zonas de almacenamiento o trabajo.

- Garajes.

- Áreas cerca de piscinas y bañeras.

Los GFCI colocados en áreas externas deben ser protegidos contra factores ambientales, específicamente contra el agua, por lo que deben usar cubiertas plásticas que impidan la penetración en su interior.

Una buena regla para decidir sobre el uso de los GFCI en residencias consiste en conocer el estado del sitio donde se encuentre la salida de la instalación. En general, si se trabaja en un ambiente donde la presencia de agua es notoria y proclive a crear un camino de poca resistencia a la corriente eléctrica, se debe utilizar este tipo de tomacorriente.

Por otra parte, algunos artefactos o puntos de salida de tomacorrientes no requieren la presencia de interruptores de corriente por falla a tierra. Podemos citar las siguientes excepciones:

- Tomacorrientes no accesibles, como el que se encuentra debajo del sumidero de la cocina y alimenta a un triturador de desperdicios.

- Salidas de tomacorrientes colocados en el interior del techo de un garaje y usados para abrir automáticamente su puerta.

- Tomacorrientes simples de la cocina, dedicados únicamente a alimentar a un artefacto eléctrico específico, como una nevera o refrigerador.

Asimismo, como los GFCI son muy sensibles a la diferencia de corrientes en sus terminales de entrada y salida, no es conveniente colocarlos en salidas de tomacorrientes que alimentan a equipos médicos, refrigeradores, congeladores, etc., cuyo funcionamiento no admite una interrupción intermitente del servicio eléctrico.

6. LIMITACIONES EN EL USO DE GFCI

Vale la pena alertar sobre las limitaciones de los GFCI para no sobredimensionar las expectativas sobre los mismos. Estos límites de uso dependen de la comprensión que se tenga de su funcionamiento. Se debe enfatizar que, bajo condiciones normales, un GFCI actúa solo cuando se produce una falla a tierra, es decir, cuando se crea un camino de retorno a tierra por fallas en el circuito. Algunas situaciones en las cuales los GFCI no proporcionan protección personal o no tienen capacidad de respuesta son las siguientes:

- Un GFCI no protege contra shocks eléctricos cuando una persona, que descansa sobre una superficie no conductora, toca dos conductores activos (fases) o un conductor activo (fase) y el neutro. Bajo estas condiciones, no hay corriente de retorno a través de tierra y el GFCI no detecta diferencia de corrientes en sus terminales, como se indica en la **Fig. 21**.

- Cuando se produce una falla a tierra que involucra a un ser humano, este podría recibir una descarga eléctrica de considerable magnitud. La ventaja de un circuito conectado a un GFCI es que esa descarga, en su presencia, se produce por un tiempo muy pequeño que impide la electrocución.

- Un GFCI no detecta ni se dispara cuando se producen cortocircuitos entre fase y neutro o entre dos fases, puesto que la corriente es la misma en sus dos terminales. En este caso es el interruptor del circuito ramal, ubicado en el tablero principal, el que debe actuar.

- Un GFCI no actúa cuando se produce un exceso de corriente en el circuito ramal. La protección debe proveerla el interruptor correspondiente (*breaker*) del tablero principal.

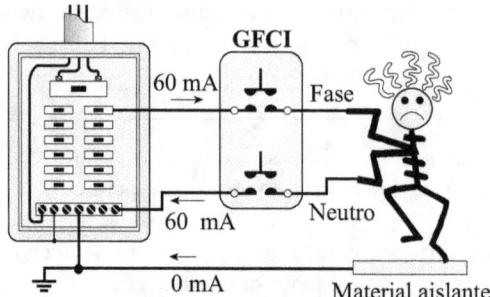

Fig. 21 Si alguien descansa sobre un material aislante (madera seca, por ejemplo) y toca a la vez la fase y el neutro, las corrientes en los terminales del GFCI son iguales y el circuito no se desconecta. Como consecuencia, la persona recibe una descarga eléctrica, 60 mA en esta figura, que puede ser mortal.

Aparte de las anteriores limitaciones, se debe decir que, en algunos casos, el GFCI puede estar sujeto a activación intermitente, creando molestas interrupciones en los ramales que protege. Esto se debe a corrientes de fugas a lo largo del recorrido del circuito, lo cual desbalancea al GFCI. Con base en esto, algunos fabricantes especifican la máxima longitud del circuito ramal. En oportunidades, estas corrientes tienen su origen en la acumulación de humedad en el cableado, en tomacorrientes o salidas de lámparas. Conviene mencionar que el continuo disparo del GFCI sugiere la revisión de los artefactos eléctricos conectados al ramal, ya que podría tratarse de equipos defectuosos y, por tanto, de un peligro eléctrico latente.

7. TIPOS DE GFCI

Las salidas de tomacorrientes situados en los exteriores de una residencia, en las salas de baños, en el garaje, en las áreas de trabajo y en la parte superior de los gabinetes de cocina deben estar protegidas por GFCI. Asimismo, los tomacorrientes de 120 V, de 15 o 20 amperios, que se encuentren dentro de 1,8 m de poncheras de lavado, deben ser del tipo GFCI. Hay tres tipos de GFCI disponibles para uso residencial y descritos a continuación.

- *Tipo tomacorriente*: Este tipo de GFCI se puede usar para reemplazar los tomacorrientes estándar que a menudo se consiguen en casas y apartamentos. Se adapta sin inconvenientes en las salidas de los tomacorrientes normales y protegen a personas de fallas a tierra cada vez que un equipo o artefacto eléctrico se conecta al ramal correspondiente. Cuando se produce una falla a tierra, el GFCI tipo tomacorriente desconecta las dos líneas, fase y neutro, del circuito ramal. Su apariencia es similar a la de los tomacorrientes normales, salvo que posee botones para prueba (*test*) y restablecimiento (*reset*) de la condición normal de funcionamiento del GFCI.

- *Tipo interruptor en tablero* (*breaker*): Este tipo de tomacorriente se instala en el tablero principal de la instalación eléctrica para proteger a ramales específicos. De esta forma, una falla a tierra que tenga lugar en cualquiera de las salidas del circuito protegido producirá la interrupción de la corriente. En este caso, el GFCI desconecta solo la fase del circuito alimentado. Como ventaja adicional, este tipo de GFCI actúa cuando ocurre un cortocircuito o una condición de sobrecarga. Posee un solo botón, el de prueba (*test*). Para restablecer el circuito (reset) se debe pasar el interruptor a la posición de apagado (*off*) y, luego, a la posición de encendido (*on*). Un GFCI de esta clase es más caro que el del tipo tomacorriente.

- *Tipo portátil*: Cuando no sea práctico el uso de GFCI permanentes, es posible recurrir a GFCI portátiles, los cuales poseen un enchufe que se conecta al tomacorriente normal. Algunos artefactos eléctricos, como las secadoras de pelo, incluyen GFCI en el interior de sus cables.

Todos los GFCIs se deben probar periódicamente para verificar su buen funcionamiento y garantizar, así, la protección que ofrecen cuando se produce una falla a tierra.

8. ALTURA Y POSICIÓN DE TOMACORRIENTES

Las normas no establecen estrictas regulaciones en cuanto a la altura de los tomacorrientes sobre el piso terminado. Son las condiciones de uso las que determinan la altura recomendada para colocarlos. Por ejemplo, un televisor colocado a cierta altura del piso en una habitación indica la posible ubicación del tomacorriente que lo alimentará. Asimismo, no es recomendable la ubicación de tomacorrientes por encima de unidades de calefacción, ya que cualquier artefacto conectado mediante un cordón o extensión eléctrica podría entrar en contacto con la superficie caliente y provocar un cortocircuito (ver **Fig. 22**). La **Tabla 2** presenta alturas típicas de los tomacorrientes según diferentes ambientes.

Ambiente	Altura sobre el piso
General (cuartos, pasillos, etc)	30 cm
Gabinetes de cocina	1 m a 1.15 m
Exteriores	45 cm
Garajes	45 cm a 1.15 m

Tabla 2 Alturas típicas de tomacorrientes.

Fig. 22 El tomacorriente no debe ser colocado encima del calentador porque, de entrar en contacto el cable de la lámpara con la cubierta del mismo, se podría originar un cortocircuito al derretirse, por el calor, el aislamiento del cable.

Las normas eléctricas no especifican la posición del terminal de puesta a tierra y, por tanto, un tomacorriente puede ser orientado en cualquiera de las posiciones mostradas en la **Fig. 23**. En el primer caso, el terminal de puesta a tierra se encuentra en la parte inferior, mientras que en el segundo se ubica en la parte superior.

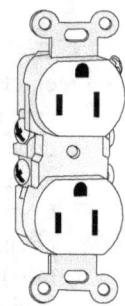

Fig. 23 Las normas permiten la orientación de un tomacorriente en cualquiera de las posiciones indicadas.

A pesar de que en las normas no hay ninguna objeción en cuanto a la orientación de los tomacorrientes, es recomendable orientarlos de manera que se minimicen las posibilidades de un cortocircuito cuando se conecta un enchufe de tres clavijas. El argumento detrás de la **Fig. 24**(*a*) es que si una tapa metálica se suelta y choca con un enchufe que no está bien ajustado al tomacorriente, el contacto tiene lugar entre el metal de la placa y la tierra, evitándose así un cortocircuito. Por el contrario, en la **Fig. 24**(*b*), si una tapa metálica se soltara pondría en contacto a las clavijas del enchufe correspondientes a fase y neutro, dando lugar a un cortocircuito, una chispa y, posiblemente, a un incendio.

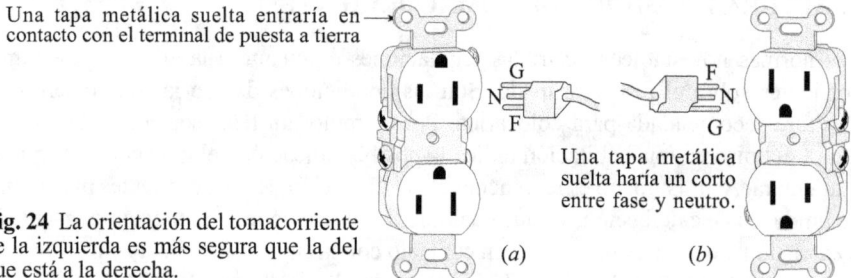

Una tapa metálica suelta entraría en contacto con el terminal de puesta a tierra →

Una tapa metálica suelta haría un corto entre fase y neutro.

Fig. 24 La orientación del tomacorriente de la izquierda es más segura que la del que está a la derecha.

(*a*)   (*b*)

La **Fig. 25** presenta otras dos posibilidades de orientación de un tomacorriente. Como se explica en ella, la posición de la parte (*a*) es más segura que la de la parte (*b*).

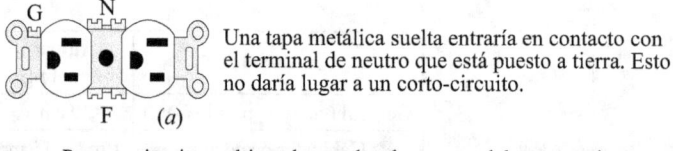

Una tapa metálica suelta entraría en contacto con el terminal de neutro que está puesto a tierra. Esto no daría lugar a un corto-circuito.

Para un circuito multiconductor, las dos partes del tomacorriente actúan en forma independiente al romperse el puente metálico entre ellas. Entonces, cada sección podría conectarse a 120 V, con un voltaje de 240 V entre las dos partes.

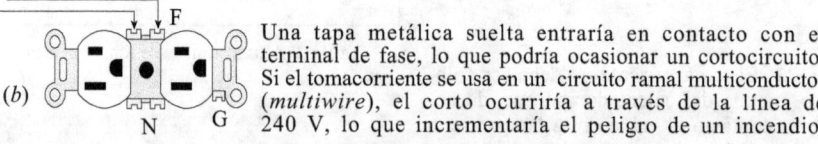

Una tapa metálica suelta entraría en contacto con el terminal de fase, lo que podría ocasionar un cortocircuito. Si el tomacorriente se usa en un circuito ramal multiconductor (*multiwire*), el corto ocurriría a través de la línea de 240 V, lo que incrementaría el peligro de un incendio.

Fig. 25 La orientación del tomacorriente de arriba es más segura que la del tomacorriente de abajo.

9. CIRCUITOS RAMALES MULTICONDUCTORES

Un circuito ramal multiconductor (*multiwire*) es una instalación eléctrica en la cual dos circuitos diferentes utilizan el mismo neutro. La **Fig. 26** es el típico diagrama de un circuito multiconductor, conectado a cuatro tomacorrientes. Se observa que los dos tomacorrientes superiores están conectados a una fase, mientras que los dos inferiores están conectados a la otra fase. El neutro es común para los cuatro tomacorrientes. Es decir, en lugar de utilizar dos conductores para el neutro, uno para los tomacorrientes superiores y otro para los tomacorrientes inferiores, se usa solo un conductor, lo que conlleva un ahorro en el cableado de la instalación. El conductor de puesta a tierra es, también, común a ambos grupos de tomacorrientes.

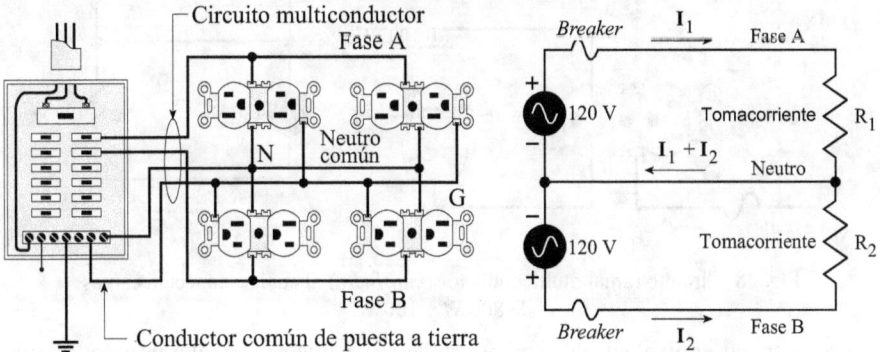

Fig. 26 Circuito ramal multiconductor (*multiwire*).

Fig. 27 Diagrama unifilar de la **Fig. 26**.

Supongamos que en el circuito multiconductor de la **Fig. 26** hay una tensión entre fase y neutro de 120 V y entre fases de 240 V. Los voltajes de fase están desfasados 180°. Si conservamos solamente los dos tomacorrientes del lado izquierdo y se hace un diagrama unifilar de la **Fig. 26**, arribamos a la **Fig. 27**. Asumiremos que esos tomacorrientes alimentan las cargas resistivas R_1 y R_2. Se ha omitido el cable de puesta a tierra con el fin de simplificar la explicación que a continuación haremos.

La corriente en el neutro es la suma vectorial de las corrientes I_1 e I_2. Si las cargas R_1 y R_2 tienen igual magnitud, I_1 e I_2 son iguales, pero están desfasadas 180°. Como resultado, la corriente en el neutro será igual a cero. Esto implica que no hay caída de voltaje en el neutro y, por tanto, en un circuito *multiwire* la caída de voltaje se reduce con respecto a un circuito ramal normal. Entonces, no solo hay un ahorro en conductores, sino que la pérdida de energía se reduce. Esta reducción en la caída de voltaje también está presente si las cargas representadas por R_1 y R_2 son diferentes. Debemos añadir que la reducción en el número de conductores se traduce en tubos de menor calibre en las canalizaciones.

Los circuitos *multiwire* se utilizan no solo para tomacorrientes, sino que pueden alimentar cargas de otra naturaleza, como las de luminarias. Hay que destacar que su uso no es tan común en hogares.

A pesar de las ventajas mencionadas en relación con los circuitos *multiwire*, es conveniente mencionar los peligros que subyacen en este tipo de instalación. Para tener idea de lo que afirmamos, observemos la **Fig. 28**. Una tostadora de 800 W se conecta a una de las fases del ramal, mientras que a la otra se conecta una lámpara eléctrica de 100 W. El circuito equivalente es el de la **Fig. 28**(*b*).

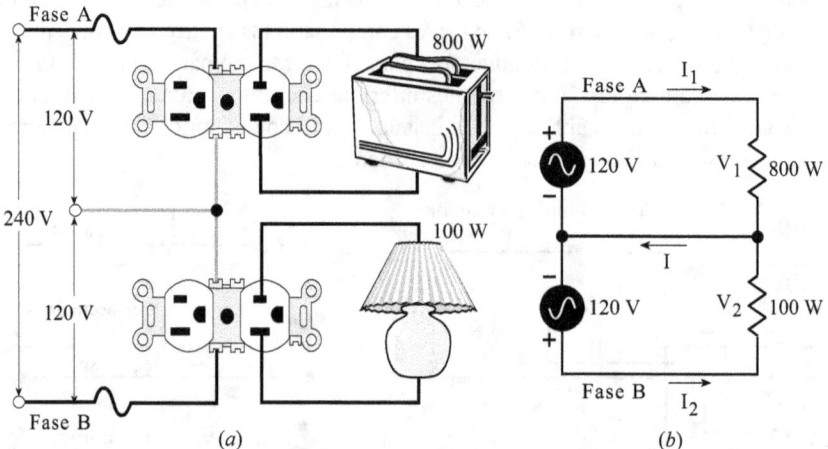

(a)   (b)

Fig. 28 Circuito ramal multiconductor (*multiwire*) al cual se conectan cargas de 800 W y 100 W.

Las resistencias equivalentes de ambos artefactos se pueden calcular usando la conocida relación entre la potencia, el voltaje y la resistencia:

$$P = \frac{V^2}{R} \quad \Rightarrow \quad R = \frac{V^2}{P}$$

Valores de R para la tostadora y la lámpara:

$$R_1 = \frac{120^2}{800} = 18 \qquad R_2 = \frac{120^2}{100} = 144$$

Para poner en evidencia la debilidad del circuito *multiwire*, supongamos que, por alguna razón, se desconecta el neutro, tal como podemos ver en la **Fig. 29**. Como resultado, la corriente en el neutro es igual a cero y el voltaje entre los terminales de los dos artefactos es de 240 V. La corriente total en el circuito se obtiene dividiendo el voltaje de 240 V entre la suma de las resistencias:

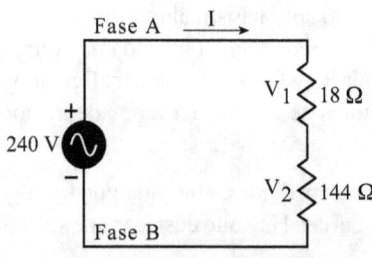

Fig. 29 Diagrama unifilar de la **Fig. 28**(*b*), al desconectar el neutro.

$$I = \frac{240}{18 + 144} = 1.48 \text{ A}$$

Los voltajes en la tostadora y la lámpara están dados ahora por:

$$V_{Tostadora} = 18 \cdot 1.48 = 26.64 \text{ V}$$

$$V_{Lámpara} = 144 \cdot 1.48 = 213.12 \text{ V}$$

De los cálculos anteriores, observamos que el voltaje en la lámpara excede su voltaje normal de trabajo (120 V). En consecuencia, esta se dañará. Podemos concluir, entonces, que un neutro abierto en un circuito *multiwire* puede ocasionar daños irreparables a los artefactos conectados al ramal.

Otra situación que podría constituir un peligro latente es la conexión de un circuito ramal, como se indica en la **Fig. 30**, pensando erróneamente que de esa manera se tiene un circuito multiconductor.

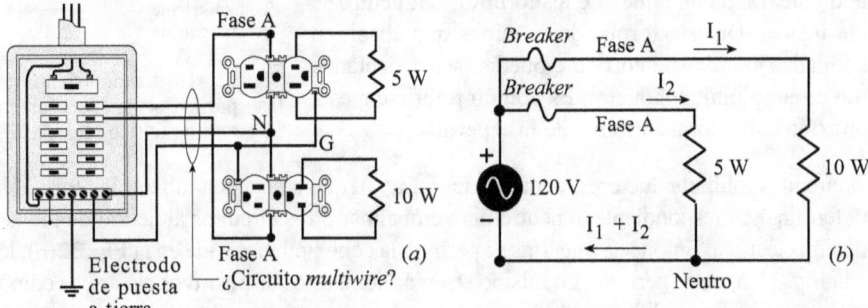

Fig. 30 Cuando se conectan las resistencias de carga a la misma fase, pensando que de esta forma se obtiene un circuito *multiwire*, la corriente del neutro puede exceder la capacidad del conductor.

En este caso, los dos conductores que alimentan a las cargas de 5 Ω y 10 Ω son conectados a la misma fase y, por tanto, su voltaje con respecto al neutro es de 120 V. Las corrientes en las cargas son:

$$I_5 = \frac{120}{5} = 24 \text{ A} \qquad I_{10} = \frac{120}{10} = 12 \text{ A}$$

La corriente en el neutro es la suma de las corrientes en las resistencias de carga:

$$I_N = 14 + 12 = 36\text{A}$$

Esta corriente podría causar sobrecalentamiento en el neutro y deterioro en su aislamiento, así como, potencialmente, ser causa de un incendio.

Para resumir, las ventajas de un circuito multiconductor son las siguientes:

- Hay un ahorro en la cantidad de conductores utilizados en las instalaciones.

- Se reduce la caída de voltaje en los conductores.

- Se reduce la pérdida de energía en el cableado.

Asimismo, las desventajas son estas:

- Posibles daños a artefactos por desconexión del neutro.

- Está presente un voltaje de 240 V en las cajas de salidas.

- Si se comete un error en la conexión, usando una sola fase en lugar de dos fases diferentes, se puede sobrecargar el neutro.

Un tomacorriente doble puede ser utilizado en circuitos multiconductores. En este tipo de dispositivo, los dos tornillos de los terminales de fase y neutro están unidos por un puente metálico que se puede remover fácilmente, cortando la pequeña pletina que los une, tal como se observa en la **Fig. 31**. Al romperse la conexión entre las tuercas del terminal de fase, las partes superior e inferior del tomacorriente pueden ser cableadas en forma independiente. La pletina que une los tornillos del neutro se deja intacta. De esta forma, dos equipos que absorben cantidades grandes de corriente pueden ser conectados a un circuito multiconductor. Es común referirse a esta conexión como tomacorriente de fase partida.

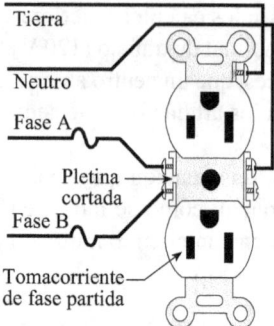

Fig. 31 Un tomacorriente de fase partida se puede usar en un circuito multiconductor.

En circuitos multiconductores, como el de la **Fig. 31**, no se pueden utilizar los tornillos del terminal correspondiente al neutro para empalmar otros circuitos al neutro de la instalación eléctrica. Entonces, mientras se permite la conexión mostrada en la **Fig. 32**(*a*), la de la **Fig. 32**(*b*) no se permite. Lo mismo se les aplica a otros dispositivos eléctricos como las lámparas. Esta medida hace más difícil que el neutro quede suelto en un circuito *multiwire*, ya que la conexión en un conector apropiado, dentro de la caja del tomacorriente, es más segura que la conexión en este último. Los movimientos a que puedan estar sujetos los tomacorrientes los hacen proclives a que el neutro se despegue del tornillo y provoque su desconexión, con las consecuencias que ya hemos examinado.

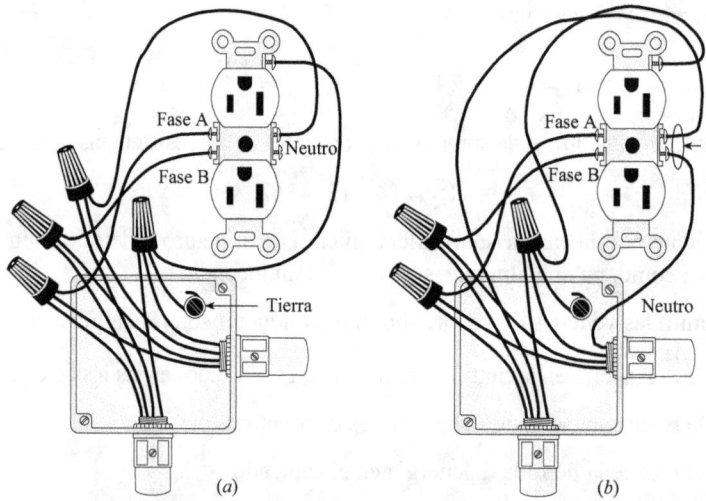

Fig. 32 Las normas eléctricas no permiten hacer empalme en los tornillos del neutro de un tomacorriente cuando se trata de circuitos multiconductores.

Cuando un circuito multiconductor alimenta a más de un dispositivo o equipo en el mismo yugo o base, se debe tener un medio para desconectar simultáneamente las dos fases en el lugar donde se origina el circuito ramal. Tal como lo indica la **Fig. 33**, la protección en el tablero de alimentación del circuito ramal multiconductor debe ser, o de dos *breakers* de un solo polo, unidos por una manija, o de un *breaker* de dos polos.

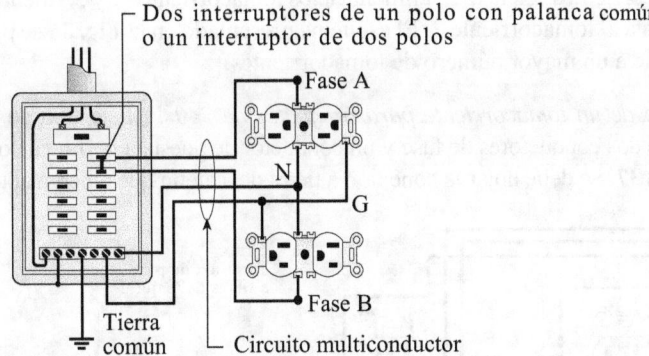

Fig. 33 En un circuito multiconductor se debe emplear un medio de desconexión simultáneo para las dos fases.

10. CABLEADO DE TOMACORRIENTES

En el cableado de tomacorrientes de 120 V se pueden presentar varias alternativas según el tipo de instalación eléctrica.

Cableado de un tomacorriente: Es el caso más elemental y corresponde al de la **Fig. 34**.

Cableado de dos o más tomacorrientes: La **Fig. 35** indica cómo sería el esquema eléctrico para dos tomacorrientes. El esquema es repetitivo para combinaciones de más de dos tomacorrientes.

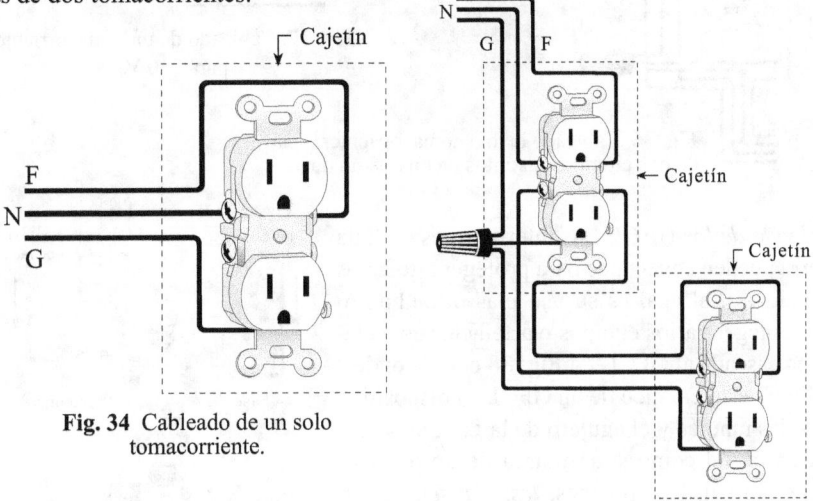

Fig. 34 Cableado de un solo tomacorriente.

Fig. 35 Cableado de dos tomacorrientes.

Cableado de tres tomacorrientes con circuitos diferentes: Tal como se presenta en la **Fig. 36**, se utilizan dos fases, un neutro y el conductor de puesta a tierra para alimentar a tres tomacorrientes. El neutro es común a todos ellos. Las fases se alternan entre los tres tomacorrientes. El neutro y el conductor de puesta a tierra son comunes a todos los tomacorrientes. La fase F_1 alimenta a los tomacorrientes 1 y 3, mientras que la fase F_2 alimenta al tomacorriente 2. El esquema presentado en la **Fig. 36** se puede extender fácilmente a un mayor número de tomacorrientes.

Cableado de un tomacorriente para artefactos de 240 V: Este tipo de tomacorriente consta de dos conductores de fase y un conductor de puesta a tierra, tal como se aprecia en la **Fig. 37**. Se debe notar la conexión a tierra del cajetín que alberga al tomacorriente.

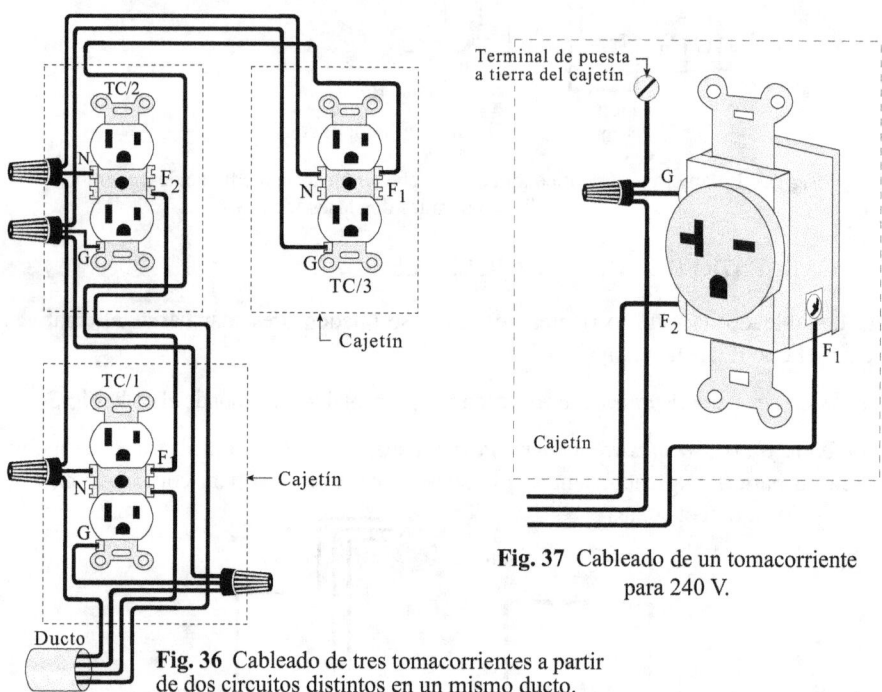

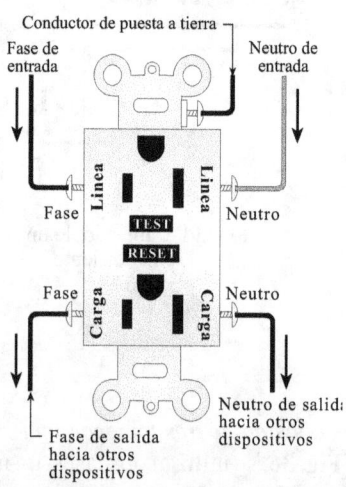

Fig. 37 Cableado de un tomacorriente para 240 V.

Fig. 36 Cableado de tres tomacorrientes a partir de dos circuitos distintos en un mismo ducto.

Cableado de los GFCI: Los interruptores de falla a tierra pueden conectarse para proteger artefactos individuales, el cual es su uso más difundido, o para proteger varios equipos o artefactos conectados en cascada al GFCI. La **Fig. 38** corresponde a un dibujo esquemático de un GFCI. El dispositivo posee las ranuras y el agujero de la fase, el neutro y la tierra, tal como si se tratara de un tomacorriente normal. Dos botones, *test* y *reset*, permiten comprobar el buen funcionamiento del GFCI y reiniciar su operación normal, respectivamente. Cinco tornillos se utilizan para cablear este dispositivo. Los dos superiores, marcados con la palabra Línea, se utilizan para la conexión a la fase y al neutro de la línea de alimentación de entrada de los GFCI, como si se tratara de un tomacorriente

Fig. 38 Dibujo esquemático de un GFCI.

normal. Usado de esta manera, cada GFCI protege a los usuarios de un único artefacto o equipo eléctrico. Los tornillos inferiores, marcados con la palabra load, se usan para proteger, contra fallas a tierra, a otros dispositivos conectados en cascada a un GFCI. Es decir, de estos terminales salen conductores hacia lámparas, tomacorrientes normales, equipos, etc.

Cableado de un GFCI y un tomacorriente normal: Ver la **Fig. 39**. El GFCI solo protege a los equipos o artefactos conectados al mismo. El tomacorriente normal no está protegido por el GFCI.

Cableado de un GFCI para proteger a otros dispositivos, equipos y luminarias: La **Fig. 40** ilustra la conexión. Allí se observa que el primer dispositivo, un GFCI, recibe la energía de la línea en sus terminales (*line*).

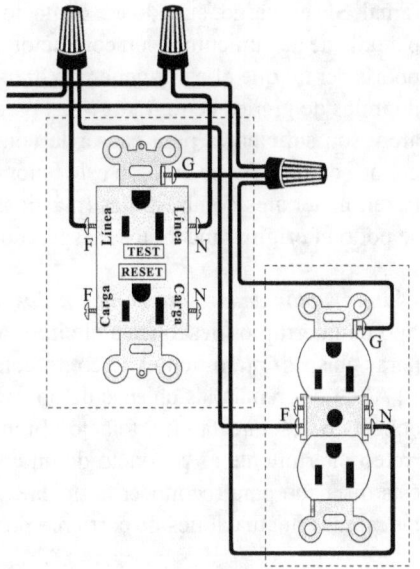

Fig. 39 Cableado de un GFCI y un tomacorriente normal.

Los dos tomacorrientes normales se conectan a los terminales de carga (*load*) y, si se produce una falla a tierra en algunos de ellos, el GFCI se dispara.

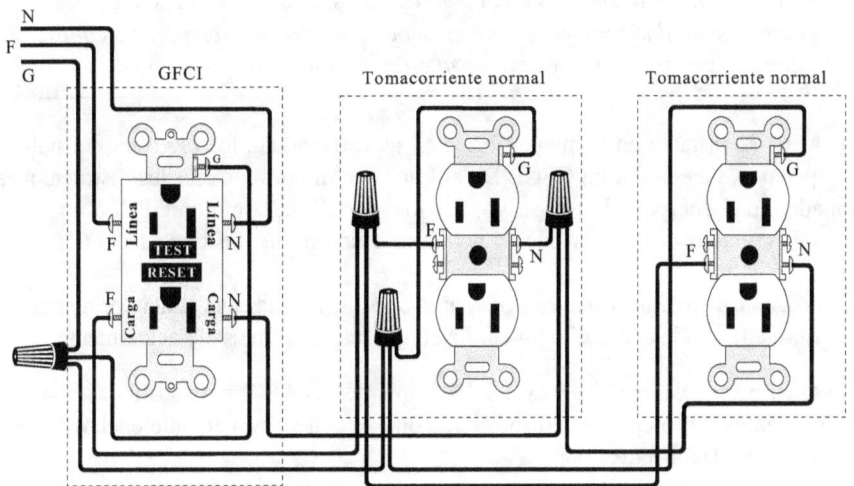

Fig. 40 Protección de dos tomacorrientes normales mediante un GFCI. Este último detecta cualquier falla a tierra que se pueda producir en los tomacorrientes y se dispara. Los artefactos conectados al GFCI no se limitan a tomacorrientes, sino que podrían ser luminarias o cualquier otro dispositivo conectado entre los terminales de carga (load) del GFCI.

11. INTERRUPTOR PARA FALLAS DE ARCO

Cuando una fase hace un contacto firme con el conductor neutro o tierra, la corriente generada es de tal magnitud, que produce el disparo del *breaker* protector del circuito ramal. Sin embargo, cuando ese contacto es intermitente, debido a una pobre conexión o a falla de aislamiento de un conductor, se produce una chispa o arco cuya frecuencia podría ser tal que el calor generado diera lugar a muy altas temperaturas, en el rango de miles de grados centígrados. Las partículas metálicas calientes, expulsadas por el arco, son suficientes para causar la combustión de muchos materiales. A esto se le conoce como *falla de arco*. Si este fenómeno se mantuviere y en la cercanía se encontraren materiales combustibles (plásticos, madera, papel, líquidos inflamables, etc.), se podrían originar incendios inesperados.

El interruptor de circuito contra fallas de arco (Arc-Fault Circuit Interrupters): este tipo de interruptor desconecta el circuito si tiene lugar una situación que pudiera generar chispas intermitentes y, como consecuencia, incendios en una circuito ramal. El AFCI diferencia las chispas de operaciones circuitales normales, como cuando se conecta o desconecta un artefacto al ramal, de aquellas situaciones donde el chisporreteo intermitente es producto de un comportamiento anormal de la línea. El AFCI está diseñado para reconocer la típica característica de un arco peligroso, detectando las rápidas fluctuaciones de corriente propias de esta situación.

Debido a la gran cantidad de incendios originados por chisporreteos, algunos códigos, entre ellos el **National Electric Code** (EE UU), establecen lo siguiente:

> *Todos los circuitos ramales que alimenten a cargas de 125 V, monofásicos, de 15 y 20 A, en dormitorios, comedores, salas,* closets, *pasillos o áreas similares de unidades de viviendas, se deben conectar a interruptores contra fallas de arco para dar protección al circuito ramal completo.*

Los AFCI se instalan en la misma forma en que se instalan los *breakers* normales y su aspecto es parecido a un GFCI. De allí que sea importante leer las instrucciones, grabadas en el cuerpo del dispositivo, que los identifican como un GFCI o un AFCI, para evitar una instalación errónea. Encontramos los siguientes tipos de AFCI:

AFCI para circuitos ramales y alimentadores: Se instala en el tablero principal y protege a todo el circuito ramal. Es el tipo más común usado actualmente.

AFCI para salidas eléctricas: Es, básicamente, un AFCI para sustituir tomacorrientes y protege a los dispositivos que se conectan mediante enchufes a dichos tomacorrientes.

Combinación AFCI-GFCI: Usa las ventajas de un AFCI y un GFCI en un solo dispositivo.

AFCI portátil: Similar al GFCI portátil, protege a los cordones que se conectan a la unidad.

Algunos tipos de AFCI están diseñados para detectar arcos, que se producen en ambas direcciones del circuito ramal, hacia la entrada y hacia la salida. Aunque los AFCI tienen un precio relativamente alto, se espera que, en un futuro, la conciencia sobre la protección a la vida de personas incremente su uso y haga bajar su precio.

12. PROTECTORES CONTRA SOBRETENSIONES

Actualmente encontramos en uso una gran variedad de equipos electrónicos, como computadoras, televisores, impresoras, hornos de microondas, equipos musicales, etc., que poseen componentes electrónicos, sensibles a los picos transitorios de voltaje. Estas sobretensiones pueden tener su origen en el interior de las instalaciones y son producidas, entre otros equipos, por motores, copiadoras, impresoras láser, calentadores de agua, cocinas eléctricas. También se pueden originar en factores externos, como rayos o fluctuaciones rápidas en los voltajes de la compañía de suministro eléctrico. En ambos casos, los picos de voltaje pueden dañar o causar un mal funcionamiento de los equipos.

Los códigos eléctricos prestan atención a estos picos de voltaje y establecen que, para la protección de equipos sensibles, se puede usar un *supresor de picos de voltajes transitorios* (TVSS: por las siglas en inglés de *Transient Voltage Surge Suppressor*). El diagrama de conexión se ilustra en la **Fig. 41**. Los supresores de picos transitorios basan su funcionamiento en el uso de *varistores* de óxido metálico, que absorben la mayor parte de la energía presente en los picos. Solo una parte, de poco poder destructivo, alcanza a la carga. Los varistores actúan en menos de 1 nanosegundo, lo que garantiza una seguridad contra los picos de voltaje.

Los TVSS tienen la apariencia de un tomacorriente sencillo o múltiple y se pueden instalar en forma fija o portátil. Los TVSS múltiples permiten conectar varios equipos a la vez. El número de equipos a conectar dependerá de la capacidad del TVSS.

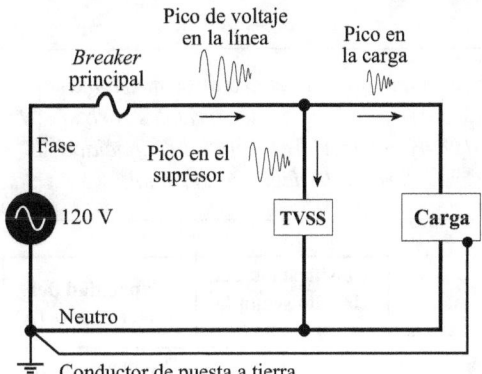

Fig. 41 Conexión de un supresor de picos de voltaje transitorios para proteger a la carga de sus efectos dañinos.

13. CAPACIDAD DE LOS TOMACORRIENTES

Recordemos aquí que los circuitos ramales se designan de acuerdo con los dispositivos de protección a los cuales están conectados en el tablero de alimentación. Así, por ejemplo, un circuito ramal de 20 A estará protegido por un breaker de 20 A y uno de

40 A se protegerá con un *breaker* de 40 A. Se dijo antes que, salvo los circuitos ramales individuales, los circuitos ramales serán de 15, 20, 30, 40 y 50 A. Asimismo, podemos afirmar lo siguiente en relación con la capacidad de corriente de los tomacorrientes:

> *Los tomacorrientes, como dispositivos de salida, tendrán una capacidad de corriente no menor que la carga a servir.*

Por ejemplo, si un tomacorriente alimenta una carga de 12 A, su capacidad mínima deberá ser de 12 amperios. Por supuesto que estos valores mínimos están sujetos a las especificaciones de corriente de los tomacorrientes existentes comercialmente. En este caso, se debe seleccionar un tomacorriente de 15 amperios.

> *Un tomacorriente simple, instalado en un circuito ramal individual, debe tener una capacidad de corriente no inferior a la de dicho circuito.*

Así, si se conecta un equipo individual que consuma 35 A, el tomacorriente debe tener una capacidad de, al menos, 35 amperios.

> *Cuando se conecte a un circuito ramal que alimente a dos o más toma-corrientes o salidas, un tomacorriente no debe suministrar a una carga conectada al mismo, mediante un enchufe y cordón, un exceso del máximo especificado en la **Tabla 2**.*

Como se puede notar en esa tabla, se limita la corriente máxima en la carga al 80% de la capacidad del tomacorriente. También se puede ver en la **Tabla 2** que a un circuito ramal protegido por un *breaker* de 20 A se puede conectar un tomacorriente de capacidad 15 A, siempre y cuando la carga máxima a conectar, mediante enchufe y cordón, no supere 12 A.

> *Cuando estén conectados a un circuito ramal que alimenta a dos o más toma-corrientes o salidas, la capacidad de corriente de los tomacorrientes corres-ponderá a la **Tabla 3**. Si se tratare de cargas superiores a 50 A, la capacidad de corriente del tomacorriente no será inferior a la del circuito ramal.*

Clasificación del circuito según la protección	Capacidad (A) del tomacorriente	Carga máxima (A)
15 o 20	15	12
20	20	16
30	30	24

Tabla 2 Máxima corriente en cargas conectadas a tomacorrientes mediante enchufe y cordón.

Clasificación del circuito según la expresión (A)	Capacidad del tomacorriente (A)
15	No mayor de 15
20	15 o 20
30	30
40	40 o 50
50	50

Tabla 3 Capacidad de corriente de to-macorrientes según el tipo de circuito.

La **Fig. 42** recoge lo establecido en cuanto a normas sobre la capacidad que deben tener los tomacorrientes.

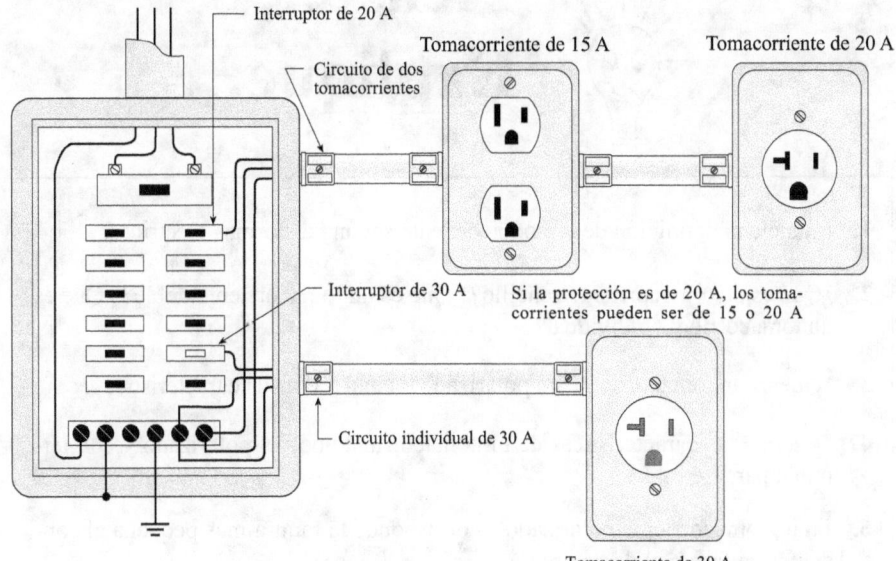

Fig. 42 Capacidad que deben tener los tomacorrientes en relación con la clasificación de los circuitos ramales.

14. SÍMBOLOS USADOS PARA REPRESENTAR A LOS TOMACORRIENTES

Cuando se diseña una instalación eléctrica, se hace uso de planos eléctricos para indicar dónde van colocados los diferentes elementos que la conforman. Es necesario entonces contar con los símbolos que representen a los tomacorrientes, las lámparas, los interruptores, los tableros, etc. En el caso de los tomacorrientes, la **Fig. 43** ilustra los símbolos más comúnmente utilizados. Se debe enfatizar que, en todo caso, el diseñador de la instalación debe plasmar en los planos la lista de símbolos utilizados para representar a los elementos de la instalación. Quien interprete o estudie los planos debe referirse a esa lista con el fin de efectuar una instalación segura.

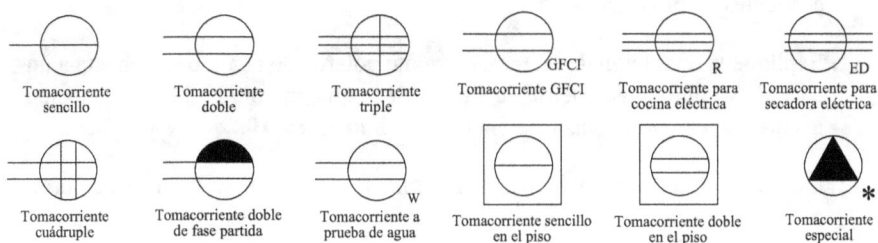

* **Tomacorriente especial**: el asterisco puede ser reemplazado por una letra tal como a, b, c, o por un conjunto de letras como DW, ED, para indicar lavaplatos y secadora eléctrica. También se pueden utilizar otros símbolos cuyos significados se deben especificar en los planos de la instalación.

Fig. 43 Símbolos para representar a tomacorrientes con diferentes usos.

Piense...
Explique...

1. Enuncie la definición de un tomacorriente según las normas eléctricas.

2. ¿Qué es un tomacorriente sencillo? ¿Qué es un tomacorriente doble? ¿Qué es un tomacorriente individual?

3. ¿Qué es un tomacorriente no polarizado y cuáles son sus características?

4. Describa las características de un tomacorriente doble, polarizado y con terminal para tierra.

5. En un tomacorriente polarizado, ¿corresponde la ranura más pequeña al conductor de fase o al de neutro?

6. ¿Cómo se indica, en un tomacorriente, que se trata de un dispositivo de calidad?

7. ¿Por qué los tomacorrientes de un circuito ramal deben poseer un terminal de tierra?

8. Desde el punto de vista eléctrico, ¿cómo se clasifican los tomacorrientes?

9. ¿Cómo se identifican los interruptores de circuito por falla a tierra y los interruptores aislados de tierra?

10. Explique detalladamente el riesgo eléctrico presente cuando se utilizan tomacorrientes no polarizados.

11. Explique la operación de un tomacorriente polarizado cuando se conecta a un enchufe y cómo la geometría de ambos elementos mejora la seguridad de una instalación eléctrica. Haz referencia a las **figuras 9** y **10**.

12. Explique por qué un tomacorriente polarizado, con terminal de puesta a tierra, es inseguro cuando se conecta a un enchufe que no posee clavija de puesta a tierra. Haz referencia a la **Fig. 12**.

13. Explique, haciendo referencia a la **Fig. 14**, por qué un tomacorriente polarizado y con terminal de puesta a tierra ofrece seguridad a las personas en caso de producirse un contacto entre la fase y la envoltura metálica del equipo.

14. ¿Qué es una falla a tierra? ¿Cuándo se produce una falla a tierra y cómo esta puede ser fatal para una persona?

15. ¿Qué es un interruptor de falla a tierra (GFCI)?

16. Mencione los factores que determinan el valor de la corriente a través de una persona cuando esta entra en contacto con un conductor energizado.

17. ¿Cuál es el rango de variación de la resistencia del cuerpo humano?

18. Describa los efectos de la magnitud de la corriente sobre el cuerpo humano.

19. De los efectos eléctricos sobre una persona, ¿cúal factor es más importante: el voltaje o la corriente?

20. Describa cómo funciona un detector de falla a tierra.

21. ¿Cómo se compara el GFCI con un breaker normal en cuanto a la velocidad de respuesta y el valor de corriente que los activan?

22. ¿Es cierto que, aun con el uso de un GFCI, una persona puede recibir una descarga relativamente alta y no ser electrocutada? Explique.

23. Describa la operación del circuito básico de un GFCI con base en la Fig. 20.

24. Según las normas eléctricas, ¿en cuáles sitios de una residencia es obligatorio el uso de los GFCI?

25. Mencione las condiciones anormales en un circuito ramal donde intervenga un GFCI y que no provoquen el disparo del mismo.

26. ¿Cuáles podrían ser las causas de una operación intermitente en un GFCI?

27. Describa los distintos tipos de GFCI estudiados en este capítulo.

28. ¿A cuáles valores de corriente se dispara por lo general un GFCI?

29. Si una persona entra en contacto con la fase y el neutro de un circuito ramal que está protegido por un GFCI, ¿se activará este último?

30. ¿Se puede reemplazar un tomacorriente defectuoso, que no posee terminal de tierra, con un GFCI? Explica.

31. ¿Cuáles restricciones se establecen con respecto a la altura de ubicación de tomacorrientes sobre el piso?

32. Mencione las alturas típicas de los tomacorrientes sobre el nivel del piso.

33. Aunque la orientación que debe tener un tomacorriente, en relación con el piso, no está regulada por las normas, explique por qué es más segura una orientación donde el agujero de tierra del tomacorriente se coloca hacia arriba.

34. ¿Qué es un circuito multiconductor? Dibuje un diagrama que permita entender tu explicación.

35. Explique las ventajas y desventajas de un circuito multiconductor en relación con dos circuitos ramales que alimentan a cargas distintas.

36. Describa cómo se puede usar un tomacorriente en un circuito multiconductor (tomacorriente de fase partida).

37. ¿Por qué no se permite hacer empalmes en los tornillos del neutro de un tomacorriente en circuitos multiconductores?

38. ¿Cómo debe ser el medio de desconexión para un circuito multiconductor?

39. A partir del diagrama esquemático para un GFCI, explique el uso de los diferentes botones y tornillos de conexión.

40. ¿Qué es un interruptor para fallas de arco (AFCI)?

41. ¿Cómo funciona un interruptor para fallas de arco?

42. ¿Dónde se deben usar los interruptores para fallas de arco? Describa los distintos tipos de AFCI.

43. ¿Qué es un supresor de picos transitorios (TVSS)?

44. ¿Cómo funciona un TVSS?

45. De acuerdo con lo establecido en las normas, ¿cuál es la carga máxima que se puede conectar a un tomacorriente mediante enchufe y cordón?

46. ¿Puede un tomacorriente de 15 A ser parte de un circuito ramal protegido por un breaker de 20 A?

Ejercicios

1. ¿Hay en la **Fig. 44** riesgo eléctrico para quien que toca la cubierta metálica? Explique.

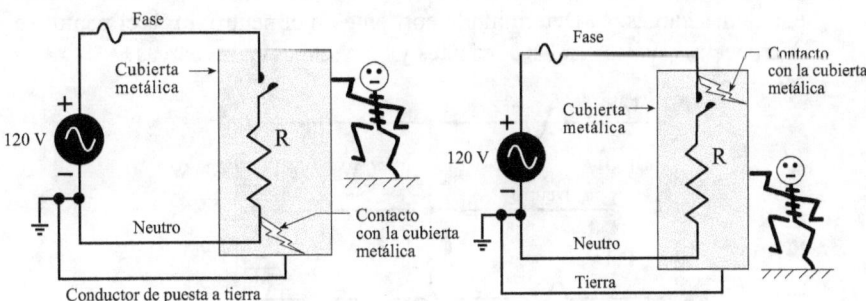

Fig. 44 Ejercicio 1.   **Fig. 45** Ejercicio 2.

2. ¿Hay en la **Fig. 45** riesgo eléctrico para quien que toca la cubierta metálica? Explique.

3. ¿Hay en la Fig. **46** riesgo eléctrico para quien toca la cubierta metálica? Explique.

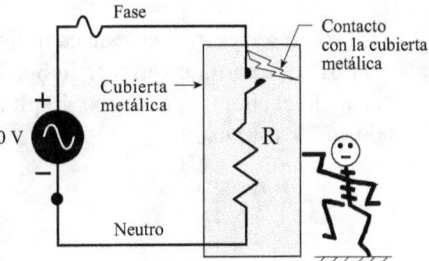

Fig. 46 Ejercicio 3.

4. Un GFCI está diseñado para dispararse a una corriente de 5 mA. ¿Cuál es la resistencia de falla a tierra que generará esa corriente para un voltaje de 120 V?

5. En la **Fig. 47** se han confundido, por error, el conductor de puesta a tierra con el de fase. ¿Cuál es el riesgo eléctrico?

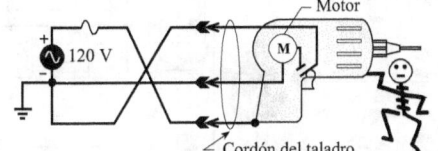

Fig. 47 Ejercicio 5.

6. En el circuito multiconductor de la **Fig. 48** se conectan artefactos eléctricos de 1.200 W

Fig. 48 Ejercicio 6.

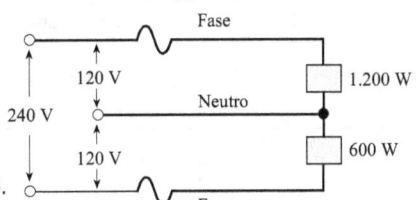

y 600 W y de 120 V. *a*) Calcule la corriente en cada artefacto. *b*) Si se desconectara el neutro, ¿cuál sería el voltaje en cada artefacto?; ¿se dañaría alguno de ellos?

7. A un circuito multiconductor de 120 V se conectan dos tostadoras de 800 W. Si, accidentalmente, se desconectara el neutro, ¿se dañaría alguna de las tostadoras?

8. En el circuito multiconductor de la **Fig. 49**: *a*) Determine la corriente en cada una de las cargas. *b*) Determine la corriente en el neutro. *c*) Si el neutro se desconecta, ¿cuáles son las corrientes y los voltajes en las cargas?

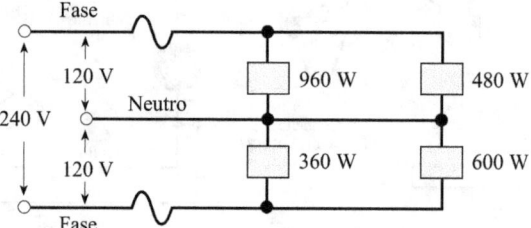

Fig. 49 Ejercicio 8.

9. Tal como se describe en este capítulo, un GFCI posee un botón de prueba (*TEST*) que permite verificar su buen funcionamiento. En la **Fig. 50** se ha añadido el circuito de prueba. Explique cómo funciona este último de acuerdo con lo estudiado.

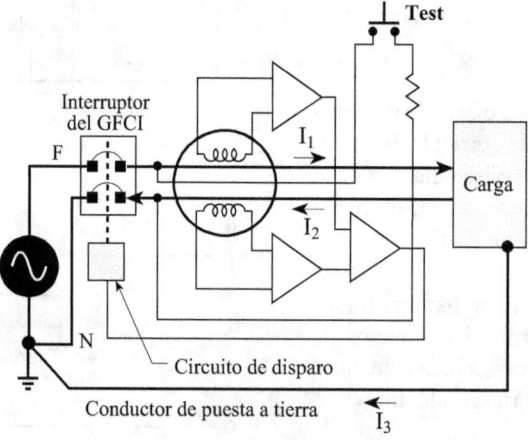

Fig. 50 Ejercicio 9.

INTERRUPTORES

15. ASPECTOS GENERALES SOBRE LOS INTERRUPTORES

Las instalaciones eléctricas hacen un uso intensivo de interruptores electromecánicos manuales, operados a voluntad, cuando se desea conectar o desconectar un elemento del circuito, principalmente lámparas o bombillos de alumbrado. La **Fig. 51** corresponde a la imagen de un interruptor eléctrico común.

En el contexto anterior, un interruptor o suiche es un dispositivo operado manualmente para interrumpir la corriente que alimenta a una carga eléctrica.

Los interruptores son, básicamente, elementos binarios: o están completamente abiertos o completamente cerrados; no hay una posición intermedia. Esta característica: abierto o cerrado, se ha hecho extensiva a otros tipos de interruptores, usados en una gran variedad de aplicaciones. Así, se han diseñado interruptores que actúan por presión, diferencias de nivel, temperatura, flujo, etc. Otra categoría la constituyen los interruptores electrónicos, de amplio uso en equipos electrónicos.

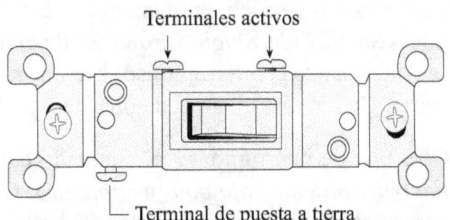

Fig. 51 Interruptor electromecánico utilizado en instalaciones eléctricas para apagar o encender una lámpara, o para activar una carga desde un solo sitio.

Los interruptores comunes poseen la estructura básica de la **Fig. 52**. El mecanismo consta de una lámina metálica que, al pegarse o despegarse del punto de contacto, conecta o desconecta, respectivamente, la corriente que va hacia la carga. El movimiento manual de la palanca del interruptor entre las posiciones conectado o desconectado (*ON* y *OFF*) provoca el desplazamiento de la lámina metálica, conectando o desconectando la energía que alimenta a la carga. Por supuesto, la palanca es de un material aislante para evitar que se produzcan accidentes por contacto eléctrico.

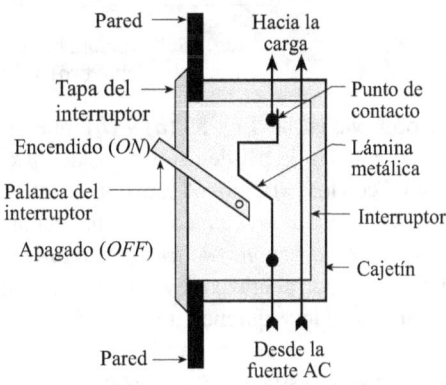

Fig. 52 Estructura básica de un interruptor.

16. TIPOS DE INTERRUPTORES

El tipo más elemental de interruptor es el llamado *interruptor de cuchilla*, actualmente en desuso y cuya aplicación se reduce a propósitos de demostración o a aplicaciones industriales de gran potencia. Aunque su estructura es muy sencilla, como se observa en la **Fig. 53**(*a*), se puede utilizar para ilustrar la forma de operación de cualquier otro tipo de interruptor. En esa misma figura se presenta el símbolo circuital, que se usa para representar al interruptor de cuchilla.

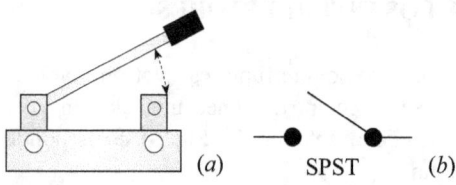

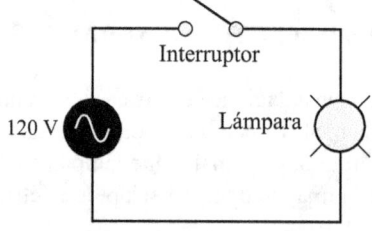

Fig. 53 (*a*) Estructura básica de un interruptor SPST (un polo, un tiro). (*b*) Diagrama esquemático.

Fig. 54 Circuito elemental para encender una lámpara mediante un interruptor SPST (*simple polo, simple tiro*).

Al interruptor de cuchilla de la **Fig. 53** (*a*) se le conoce como *interruptor de un solo polo y un solo tiro* y se le identifica, por lo general, como suiche SPST (de las iniciales en inglés *Single Pole, Single Throw*). Su diagrama se muestra en la **Fig. 53**(*b*). La corriente se corta cuando el interruptor se abre y se establece en la carga cuando el interruptor se cierra. Un circuito elemental con este tipo de suiche se muestra en la **Fig. 54**.

Otro tipo de interruptor es el conocido como SPDT (*Single Pole, Double Throw*) o *interruptor de un solo polo y doble tiro*. Un interruptor de cuchilla se puede utilizar para explicar su funcionamiento. Para ello nos referiremos a la **Fig. 55**.

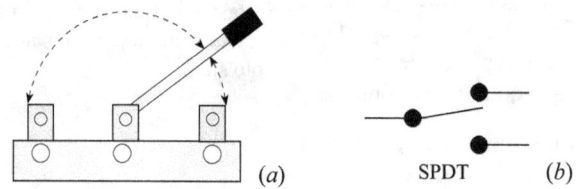

Fig. 55 Estructura básica de un interruptor SPDT (un polo, doble tiro). (*b*) Diagrama esquemático.

Se observa, en las **Fig. 55** (*a*) y (*b*), que el interruptor posee dos posiciones distintas y que la cuchilla puede oscilar alrededor del punto medio, interconectando el punto central con los extremos. A este tipo de interruptor se le conoce como *interruptor de tres vías* (o *three way switch*, como se le designa en inglés). Una designación más correcta sería la de *interruptor de tres terminales*, ya que, realmente, son dos vías las que se activan cuando el brazo móvil se mueve de un punto al otro. Sin embargo, la costumbre ha prevalecido y quienes trabajan en las instalaciones eléctricas han impuesto la de *interruptor de tres vías*. La **Fig. 56** ilustra el circuito de un suiche SPDT para controlar dos lámparas distintas desde una misma posición. Posteriormente estudiaremos cómo se utilizan los suiches de tres vías para controlar lámparas desde dos posiciones distintas.

Las lámparas L_1 y L_2 se encienden cuando el interruptor SPDT está en las posiciones 2 y 3, respectivamente.

Los interruptores SPDT tienen un *terminal común* para los dos circuitos (terminal 1 de la **Fig. 56**) y dos terminales que se conectan a las dos lámparas que controlan, a los cuales se les conoce como *terminales viajeros* (terminales 2 y 3 de la **Fig. 56**). En un interruptor de tres vías no hay identificación de la posición de encendido (*ON*) o apagado (*OFF*), ya que sus dos posiciones se pueden utilizar para encender o apagar una lámpara. En instalaciones eléctricas residenciales, el uso más difundido de este tipo de interruptor es el de apagar o encender una lámpara desde dos puntos lejanos entre sí. Esta situación ocurre en casos como los siguientes:

1. Cuando se tiene una lámpara en el medio de una escalera y se desea encenderla cuando se comienza a subir la escalera y apagarla cuando se llega a su extremo superior.

2. Cuando la luz de una habitación se desea encender a la entrada y apagarla desde la cama. Los interruptores de tres vías se colocan cerca de la puerta y al lado de la cama.

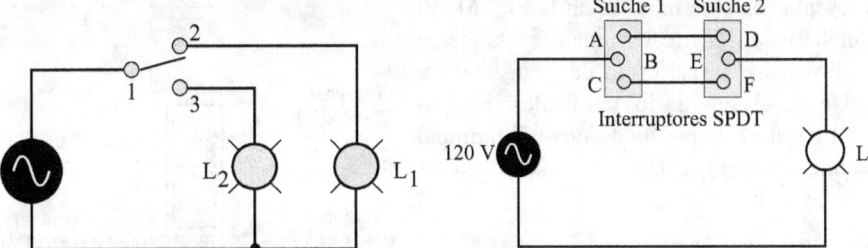

Fig. 56 Circuito elemental para encender dos lámparas mediante un interruptor SPDT.

Fig. 57 Circuito elemental para encender una lámpara mediante dos interruptores SPDT.

Veamos la **Fig. 57**, donde una lámpara está controlada por los interruptores 1 y 2. Para entender cómo el circuito funciona, supongamos que el suiche 1 está situado en el extremo inferior de una escalera y el suiche 2 en su extremo superior. Cuando se conectan los puntos B y C del suiche 1 y el suiche 2 está en la posición superior (D y E conectados), la lámpara L está apagada (**Fig. 58**). Si alguien se aproxima a la parte baja de la escalera y pasa el suiche 1 hacia arriba, conectando los puntos A y B (**Fig. 59**), se establece una corriente en el circuito a través del camino BADE y la lámpara se enciende. Cuando la persona llega a la parte superior de la escalera, apaga la lámpara,

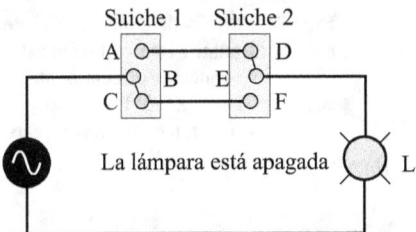

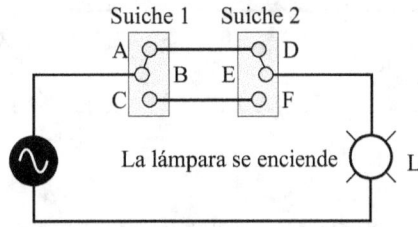

Fig. 58 Control de una lámpara desde dos sitios: el suiche 1 está en la posición inferior, el suiche 2 está en la posición superior y la lámpara está apagada.

Fig. 59 Control de una lámpara desde dos sitios: el suiche 1 está en la posición superior, el suiche 2 está en la posición superior y la lámpara se enciende.

pasando el suiche 2 hacia abajo, lo que conduce a la **Fig. 60**. Como se puede notar, el circuito se interrumpe al conectarse los puntos E y F.

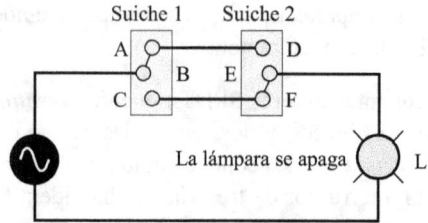

Fig. 60 Control de una lámpara desde dos sitios: el suiche 1 está en la posición superior, el suiche 2 está en la posición inferior, el circuito se abre y la lámpara se apaga.

En los circuitos de las **figuras 58** a **60** se observa que el mecanismo es repetitivo, pudiéndose apagar o encender la lámpara, por tanto, desde cualquier extremo de la escalera.

En la realidad, un interruptor de tres vías se presenta como se muestra en la **Fig. 61**. El suiche posee cuatro terminales: los que se utilizan para el cableado de la instalación (el terminal común y los terminales viajeros) y el terminal de puesta a tierra. El terminal común se distingue de los terminales viajeros por tener un color oscuro.

Finalmente, debemos mencionar a los interruptores de cuatro vías (*four way stwitches*), los cuales, usados en conjunción con dos interruptores de tres vías, permiten encender o apagar una lámpara desde tres sitios distintos. La **Fig. 62** corresponde a las dos posiciones que puede adoptar un interruptor de cuatro vías.

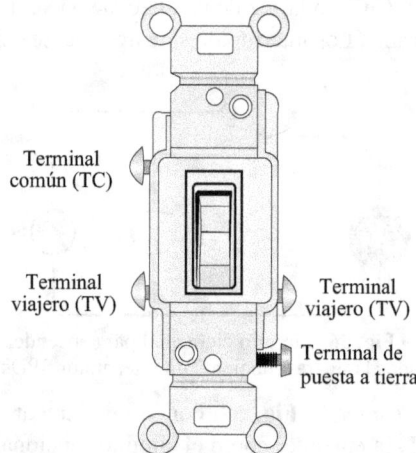

Fig. 61 Interruptor de tres vías. El terminal común, por lo general, es de color oscuro, mientras que los terminales viajeros son, también por lo general, de color claro.

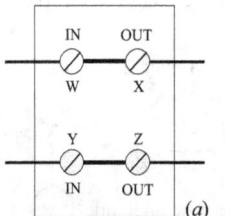 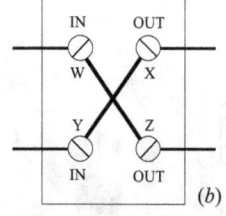

Fig. 62 Formas de conectar un interruptor de cuatro vías: *a*) La entrada y la salida se conectan directamente (W con X y Y con Z). *b*) La entrada y la salida se conectan en forma entrecruzada (W con Z y Y con X).

Los dos terminales de entrada (*IN*) se encuentran a la izquierda y los de salida (*OUT*) se encuentran a la derecha. La **Fig. 63** es una imagen de un interruptor de cuatro vías, donde se observan los dos terminales de entrada y los dos terminales de salida, en la práctica de colores distintos. El terminal de puesta a tierra debe ser de color verde.

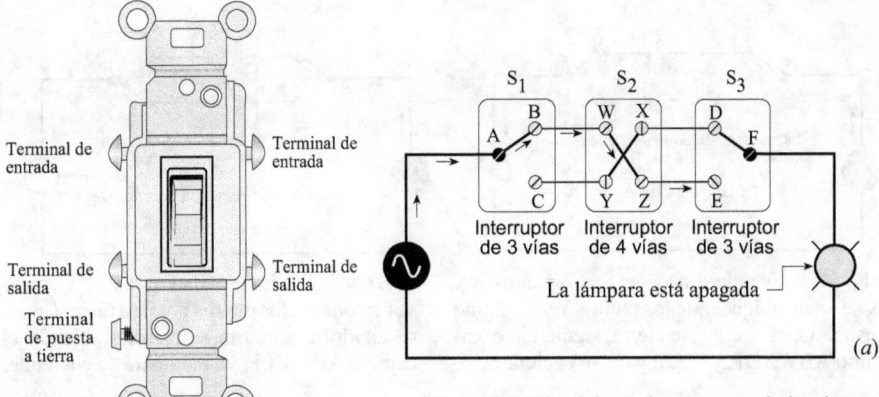

Fig. 63 Interruptor de cuatro vías. Los terminales de entrada y de salida están marcados mediante colores distintos.

Fig. 64(*a*) El suiche S₃ interrumpe el circuito.

Cuando se trata de controlar una lámpara desde tres puntos distintos, se deben emplear dos interruptores de tres vías y un interruptor de cuatro vías. Este último se debe colocar entre los interruptores de tres vías. A tales efectos, nos referiremos a la **Fig. 64** para ilustrar cómo funciona un interruptor de cuatro vías en conjunción con dos interruptores de tres vías. En la **Fig. 64**(*a*) la lámpara está apagada, puesto que el suiche S_3 interrumpe el circuito.

La lámpara puede ser encendida o apagada desde cualquier interruptor. Partiendo de la figura anterior, la **Fig. 64**(*b*) muestra cómo la lámpara es encendida desde S_1. Al pasar el brazo móvil del suiche S_1 desde el punto B hasta el punto C, se establece el circuito cerrado indicado por las flechas. Si, luego, cualquiera de los brazos móviles de uno de los interruptores cambia de posición, la lámpara se apagará al abrirse el circuito.

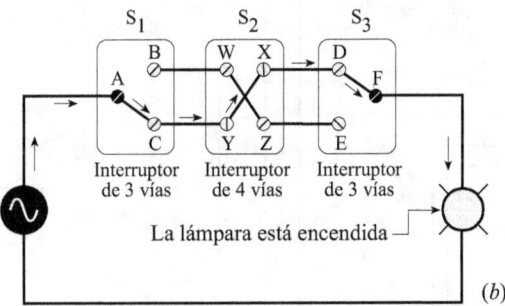

Fig. 64(*b*) Cuando el brazo móvil de S₁ pasa desde el punto B hasta el punto C, el circuito se cierra y la lámpara se enciende. El desplazamiento posterior del brazo móvil de cualquier interruptor abrirá el circuito y la lámpara se apagará.

Si nuevamente partimos de la **Fig. 64**(*a*), la lámpara se puede encender desde el interruptor de cuatro vías, S_2. Esto se deduce de la **Fig. 64**(*c*), como podemos observar a continuación en la siguiente figura.

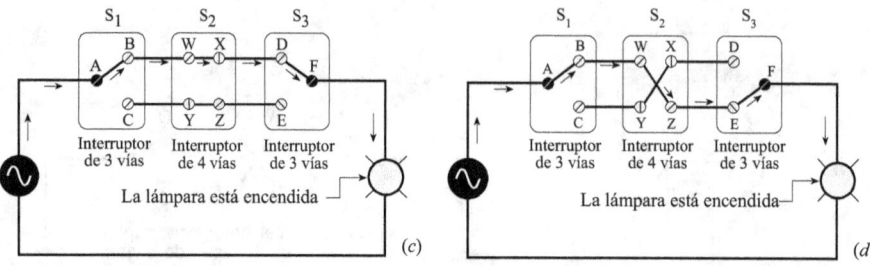

(c)

(d)

Fig. 64(c) Cuando se acciona S_2, los puntos W y X se unen, al igual que los puntos Y y Z. Como resultado, el circuito se cierra, siguiendo el camino ABWXDF, y la lámpara se enciende.

Fig. 64(d) Partimos de la **Fig. 64**(a). Cuando se acciona S_3, los puntos F y E se unen. Como resultado, el circuito se cierra siguiendo el camino ABWZEF, y la lámpara se enciende.

Al accionar el interruptor S_2, se conectan los puntos W y X y se crea el camino ABWXDF, por donde circula la corriente y la lámpara se enciende. Finalmente, a partir de la **Fig. 64**(d), se puede ver cómo la lámpara se enciende mediante el interruptor S_3. Al pasar el brazo móvil del punto D al punto E, se establece el camino ABWZEF, que permite la circulación de corriente y el encendido de la lámpara.

17. CABLEADO DE INTERRUPTORES. DIAGRAMAS PICTÓRICOS.

Los conductores entran por un interruptor SPST: La **Fig. 65** muestra este caso. La alimentación entra primero por el interruptor y se dirige a la lámpara que controla. Observa el uso de conectores para empalmar los conductores en los cajetines del interruptor y de la lámpara. La disposición física del cableado se indica en la misma figura.

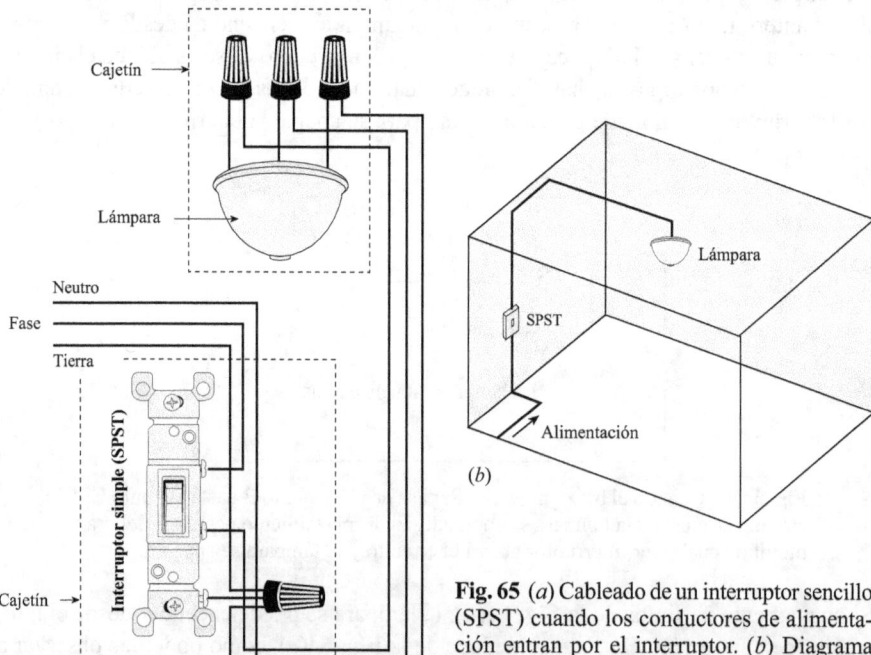

(a)

(b)

Fig. 65 (a) Cableado de un interruptor sencillo (SPST) cuando los conductores de alimentación entran por el interruptor. (b) Diagrama pictórico de la instalación en una habitación.

Los conductores entran por la lámpara controlada por un interruptor SPST: En la **Fig. 66** se indica este caso. Puesto que la alimentación entra por la lámpara, el conductor de fase debe ir directamente al interruptor para, luego, devolverse hasta la lámpara.

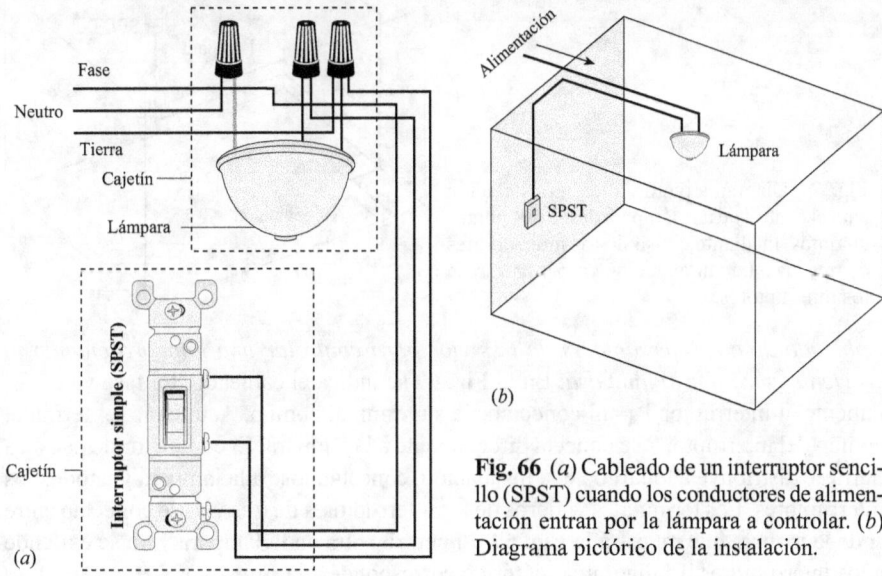

Fig. 66 (*a*) Cableado de un interruptor sencillo (SPST) cuando los conductores de alimentación entran por la lámpara a controlar. (*b*) Diagrama pictórico de la instalación.

Cableado de dos interruptores de tres vías para controlar una lámpara cuando la energía entra por uno de los interruptores y la lámpara está al final del recorrido: A menudo en el cableado de interruptores de tres vías se cometen errores. De allí la importancia de prestar atención a la conexión de los conductores a estos suiches. Los terminales viajeros se conectan entre sí en la forma indicada en la **Fig. 67**. Uno de los terminales comunes se conecta a la fase de la entrada, mientras que el otro terminal común va a la lámpara. En la **Fig. 68** se presenta un diagrama pictórico de la instalación.

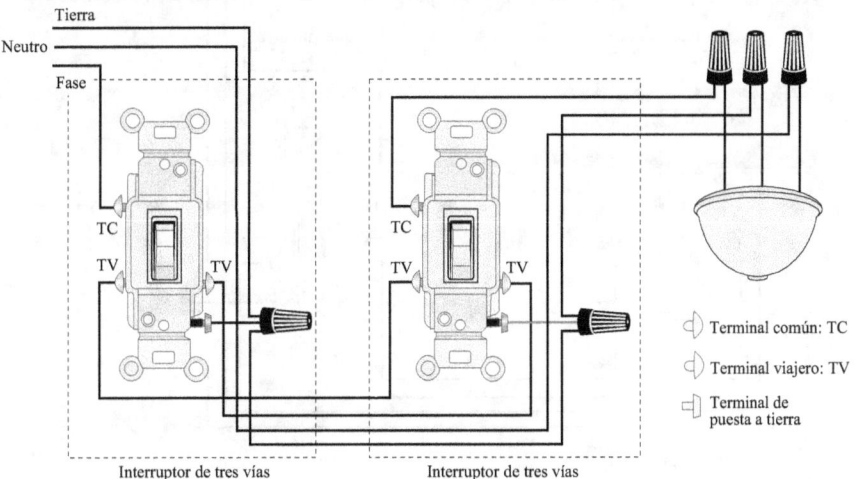

Fig. 67 Control de una lámpara mediante dos interruptores de tres vías. La alimentación entra por un interruptor.

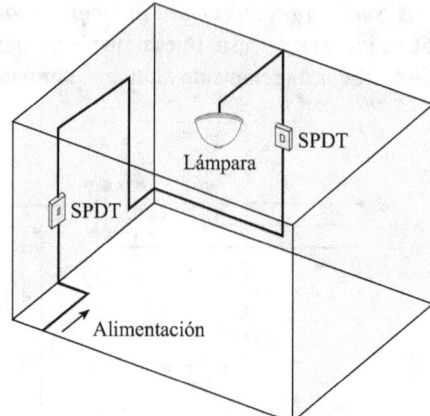

Fig. 68 Diagrama pictórico de la instalación para el control de una lámpara desde dos puntos distintos, mediante el uso de los interruptores de tres vías. La alimentación entra por uno de los interruptores.

Cableado de dos interruptores de tres vías para controlar una lámpara cuando la corriente entra por la lámpara: En la **Fig. 69** se indica el cableado. La fase va directamente al interruptor 1 para conectarse a su terminal común. Asimismo, el terminal común del interruptor 2 se conecta directamente a la lámpara. El conductor de puesta a tierra se distribuye a lo largo de la instalación, conectándose a la lámpara y a todos los interruptores. Los terminales viajeros de los interruptores de tres vías se conectan entre sí de la manera que muestra la **Fig. 69**. El neutro entra en la lámpara y no se extiende a los interruptores. El diagrama pictórico corresponde a la **Fig. 70**.

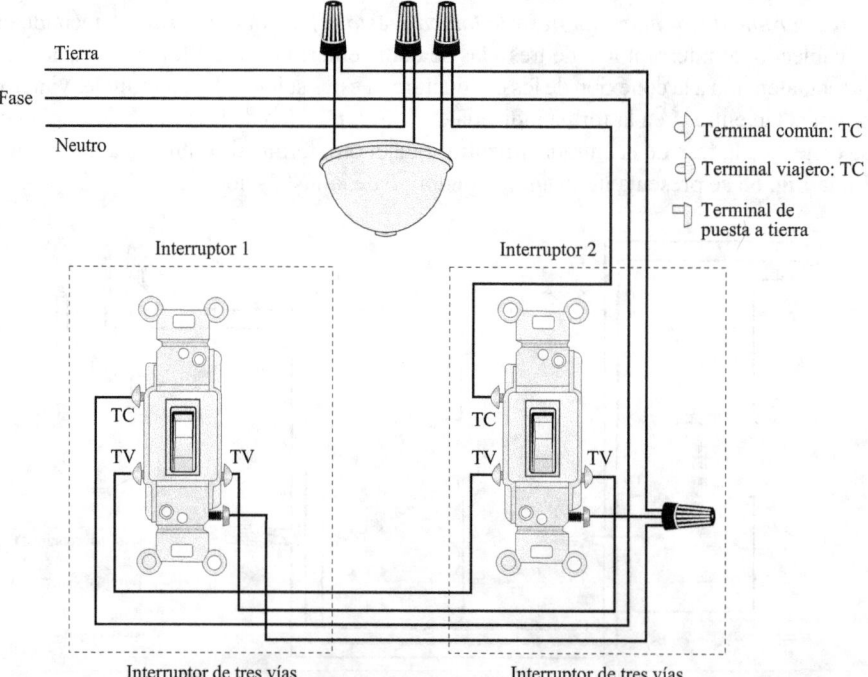

Fig. 69 Control de una lámpara mediante dos interruptores de tres vías.
La alimentación entra por la lámpara.

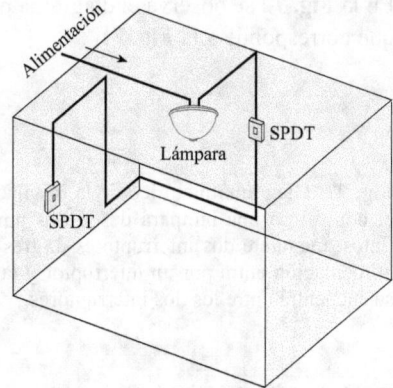

Fig. 70 Diagrama pictórico de la instalación para el control de una lámpara desde dos puntos distintos, mediante dos interruptores de tres vías. La alimentación entra por la lámpara.

Cableado de dos interruptores de tres vías para controlar una lámpara cuando la corriente entra por un interruptor y la lámpara se encuentra entre los dos interruptores: La **Fig. 71** presenta este caso. En el cajetín de la lámpara confluyen varios conductores unidos mediante conectores. La corriente entra por el interruptor Nº 1, donde se conecta al terminal común. Los terminales viajeros se conectan entre sí, como lo hemos visto antes (conductores activos). El terminal común del interruptor Nº 2 va, también, conectado directamente a la lámpara. El conductor de puesta a tierra se distribuye a lo largo de toda la instalación, conectándose a los dos interruptores y a la lámpara.

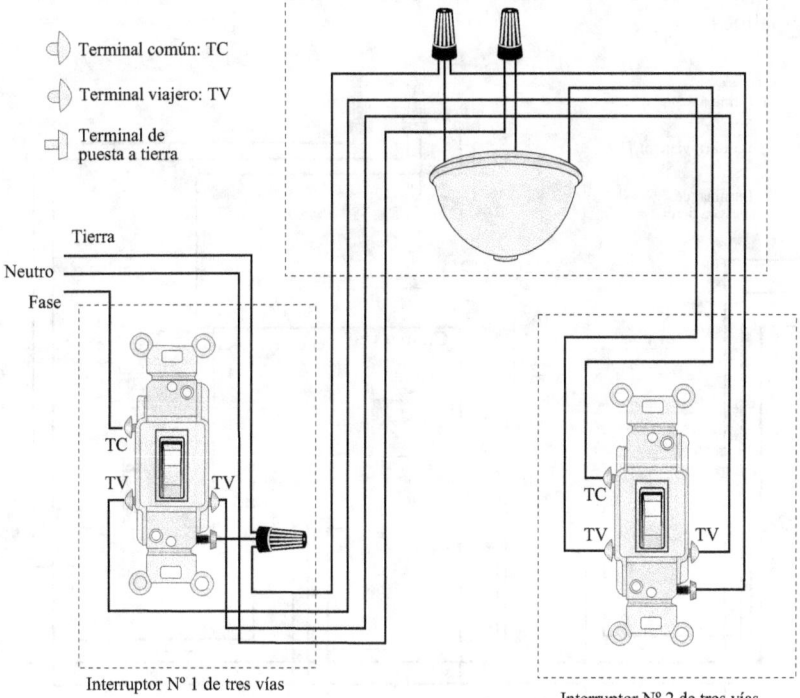

Fig. 71 Control de una lámpara por dos interruptores de tres vías. La alimentación entra por un interruptor.

En la **Fig. 72** se observa el diagrama pictórico que corresponde a la **Fig. 71**.

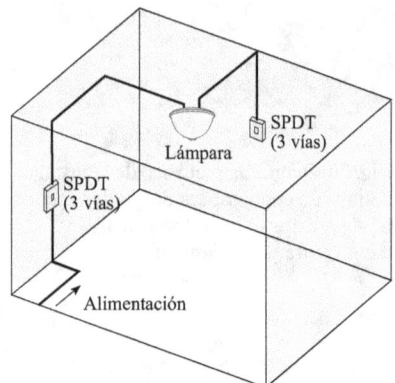

Fig. 72 Diagrama pictórico de la instalación para el control de una lámpara desde dos puntos distintos, mediante dos interruptores de tres vías. La alimentación entra por un interruptor y la lámpara se encuentra entre los dos interruptores.

Cableado de dos interruptores de tres vías y uno de cuatro vías para controlar una lámpara desde tres lugares distintos: Para apagar o encender una lámpara, o para dar y quitar energía a un tomacorriente desde tres sitios diferentes, se puede utilizar un interruptor de cuatro vías, colocado entre dos interruptores de tres vías, tal como lo indica la **Fig. 73**. Como se puede ver, los terminales viajeros del interruptor de tres vías S_1 se conectan a los terminales inferiores del interruptor de cuatro vías S_2. Los terminales superiores de S_2 se conectan a los terminales viajeros de S_3. La fase se conecta al terminal común de S_1 y el terminal común de S_3 va a la lámpara. El conductor neutro no va conectado a ningún terminal de los interruptores: va directamente a la lámpara, luego de pasar por los cajetines de los mismos, donde se usan conectores para hacer los empalmes.

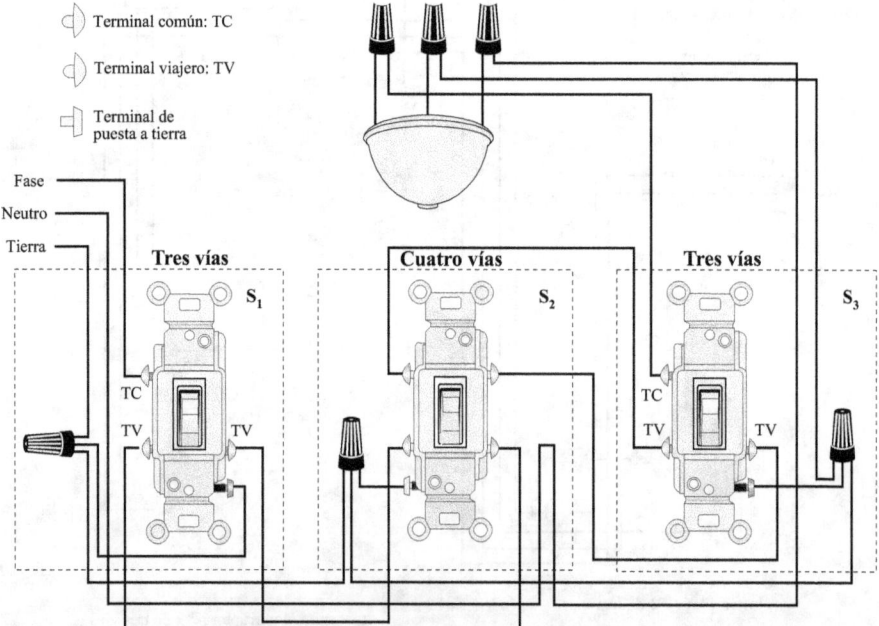

Fig. 73 Control de una lámpara desde tres sitios distintos, mediante dos interruptores de tres vías y un interruptor de cuatro vías. La alimentación entra por el interruptor S_1.

Cuando la lámpara se controla desde más de tres puntos distintos, se agregan más interruptores de cuatro vías entre los interruptores de tres vías, como lo muestra el diagrama simplificado de la **Fig. 74**.

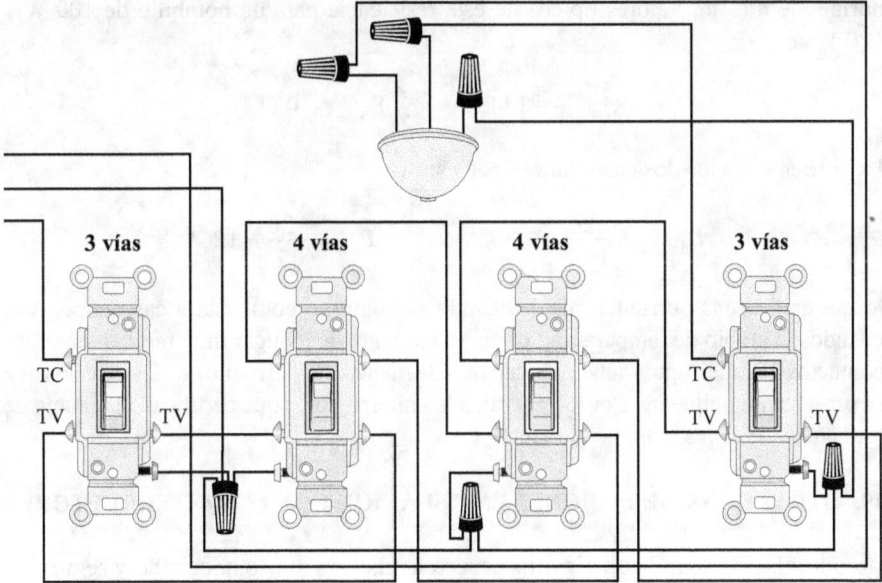

Fig. 74 Control de una lámpara desde cuatro sitios distintos, mediante dos interruptores de tres vías y dos de cuatro vías.

18. ESPECIFICACIONES DE LOS INTERRUPTORES

Los interruptores utilizados en las instalaciones eléctricas se especifican de acuerdo con el voltaje de uso y la máxima corriente que puede pasar a través de los mismos. A tales efectos, se puede mencionar lo siguiente:

Marcaje: *Los interruptores se deben marcar con los valores máximos de corriente y voltaje y, a veces, de los hp que puede soportar.*

Asimismo, cuando se utiliza un interruptor se debe tener en cuenta lo siguiente:

(1) *La corriente resistiva o inductiva, incluyendo la de lámparas de descarga, no debe exceder el máximo régimen de trabajo del interruptor para el voltaje de operación.*

(2) *Las lámparas de filamento de tungsteno no deben absorber una corriente superior a la corriente máxima soportada por el interruptor al voltaje de operación.*

(3) *La corriente en los motores controlados por interruptores no debe exceder el 80% de la corriente máxima del interruptor al voltaje nominal de operación.*

En relación con el punto (2) anterior, se debe comentar que las lámparas de tungsteno absorben una corriente grande cuando se encienden. Esto se debe a que, al principio, antes de calentarse, la resistencia del filamento de tungsteno es relativamente pequeña si se compara con la resistencia que posee cuando la lámpara alcanza su temperatura normal de trabajo. Valores típicos de esta resistencia para un bombillo de 100 W y 120 V son:

$$R_{Caliente} = 144 \, \Omega \qquad R_{Frío} = 10 \, \Omega$$

La corriente, en los dos casos anteriores, es:

$$I_{Caliente} = \frac{120}{144} = 0.83 \, A \qquad I_{Frío} = \frac{120}{12} = 12 \, A$$

lo que indica una corriente mayor cuando el bombillo comienza a calentarse. Aun cuando el cambio de temperatura, de frío a caliente, tiene lugar muy rápidamente, los contactos del interruptor deben ser capaces de manejar la corriente de 12 amperios que se presenta inicialmente. Por lo general, a los interruptores que certifican el manejo de esta corriente se les marca con la letra **T**.

19. OTRAS CONSIDERACIONES EN RELACIÓN CON LOS INTERRUPTORES

A continuación se indican algunos aspectos relativos al uso adecuado y seguro de los interruptores:

Interruptores de tres y cuatro vías: *Los suiches de tres y cuatro vías se deben cablear de modo que todo el proceso de conexión y desconexión se haga en el conductor activo de fase. Cuando se usen canalizaciones metálicas o cables de armadura metálica, se debe hacer el cableado para evitar el calentamiento del metal por inducción.*

Según el aspecto anterior, los conductores implicados en la conexión y desconexión de energía estarán conectados al conductor activo (fase).

El calentamiento por inducción, en ductos metálicos ferrosos*, se produce cuando las corrientes que circulan en la canalización, en ambas direcciones (entrando y saliendo), no se compensan al no cancelarse sus campos magnéticos. En la **Fig. 75** se presentan

Es importante adquirir experiencia con el cableado de los interruptores de tres y cuatro vías. Es frecuente encontrar instalaciones eléctricas donde las conexiones entre esos interruptores, al ser mal hechas, no cumplen correctamente su función.

---

* El calentamiento también se produce en cables con armadura metálica.

dos maneras (correcta o incorrecta) de cablear interruptores de tres vías para controlar una lámpara. Suponiendo que se utilizan ductos metálicos ferrosos, el de la **Fig. 75**(*a*) no produce calentamiento por inducción, pues la corriente que fluye en una dirección es igual a la que fluye en dirección contraria. Sin embargo, en la **Fig. 75**(*b*) se producirá calentamiento en los ductos, puesto que las corrientes, cuando se trata de un solo conductor, crean campos magnéticos no compensados. En ambas figuras se han omitido el cable de puesta a tierra y los conectores en los cajetines.

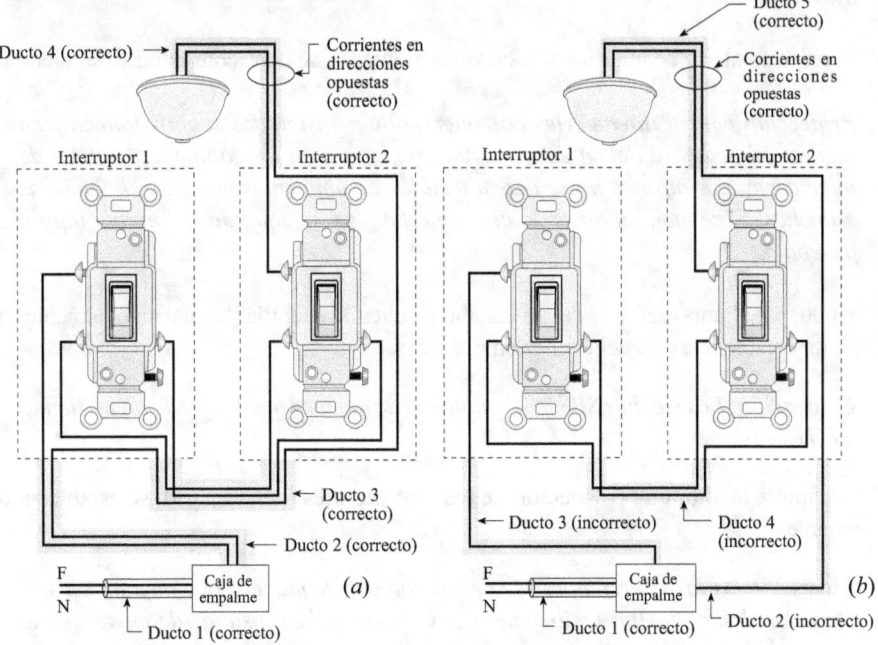

Fig. 75 (*a*) Cableado adecuado de dos interruptores de tres vías para evitar calentamiento por inducción en los ductos metálicos. (*b*) El cableado no adecuado produce calentamiento por inducción.

Como se puede observar en la **Fig. 75**(*a*), en cada uno de los ductos 1, 2 y 4 se alojan una fase y un neutro, que transportan corriente en direcciones opuestas, lo cual anula el efecto magnético que origina calentamiento por inducción. En el ducto 3, aunque contiene tres conductores, solo dos de ellos transportan corriente al mismo tiempo, puesto que, de los conductores en su interior, únicamente conduce uno al efectuarse la conexión de los interruptores de tres vías con la lámpara.

En el cableado de la **Fig. 75**(*b*), los ductos 2, 3 y 4 alojan a un solo conductor que transporta corriente y, por tanto, producirán calentamiento por inducción en las canalizaciones metálicas. Los ductos 1 y 5 no presentan este problema, ya que tienen conductores que transportan corrientes en direcciones contrarias. Ya dijimos que en el ducto 4, aunque contiene dos conductores, solo uno de ellos transporta corriente al mismo tiempo.

Los interruptores deben cumplir con lo señalado a continuación:

Conductor de puesta a tierra*: Los interruptores no deben desconectar el conductor de puesta a tierra de un circuito.*

Excepción*: Se permitirá que un interruptor desconecte un conductor puesto a tierra cuando todos los conductores del circuito se desconecten simultáneamente o cuando el dispositivo esté instalado y el conductor de puesta a tierra no pueda ser desconectado antes que todos los conductores activos del circuito hayan sido desconectados.*

Con respecto al uso de interruptores en zonas húmedas, se debe considerar lo siguiente:

Protección contra intemperie*: Los interruptores instalados superficialmente en lugares húmedos se deben encerrar en una caja o en un gabinete a prueba de intemperie. Los mismos no se deben instalar en ambientes húmedos de bañeras o duchas. Si se montan a ras de una superficie serán equipados con una tapa a prueba de agua.*

Cuando, por alguna razón, se deban instalar suiches de cuchilla (lo cual no es tan común para una residencia), se debe tener en cuenta:

Colocación*: Los suiches SPST se instalarán de manera que la gravedad no tienda a cerrarlos.*

En cuanto a la altura de colocación de los interruptores (ver **Fig. 76**), se establece lo siguiente:

Altura*: Todos los interruptores se deben colocar de manera que puedan ser accionados desde un sitio fácilmente accesible. Se deben instalar de modo que el centro de las palancas de activación, cuando se encuentren en su posición más alta, no estén a una distancia mayor de 2 m (6 pies 2 pulgadas) sobre el piso o la plataforma de trabajo.*

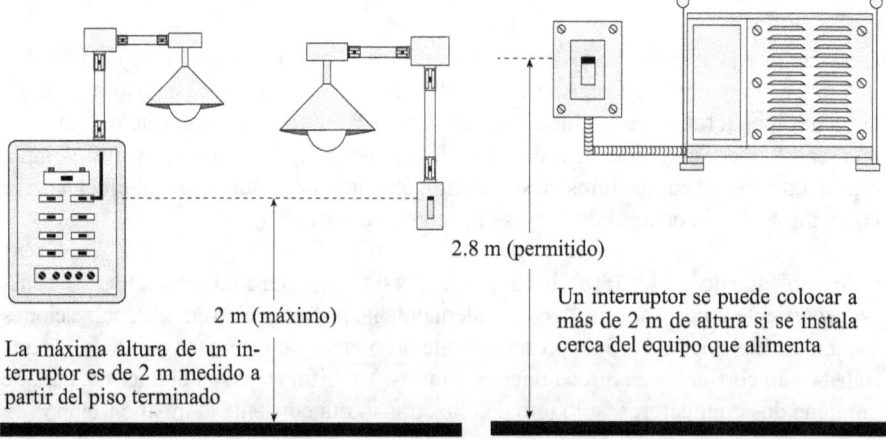

2.8 m (permitido)

2 m (máximo)

La máxima altura de un interruptor es de 2 m medido a partir del piso terminado

Un interruptor se puede colocar a más de 2 m de altura si se instala cerca del equipo que alimenta

Fig. 76 Alturas máximas de los interruptores.

Excepción 2: *Los interruptores instalados de un modo adyacente a motores, arte-factos u otros equipos a los cuales alimentan, pueden ser colocados a una altura mayor de 2 m y serán accesibles por medios portátiles.*

Siguiendo lo establecido en los párrafos anteriores, es común colocar los in-terruptores a una altura de 120 cm a 140 cm desde el piso terminado hasta el medio de la caja que aloja al interruptor.

En relación con la puesta a tierra, se tendrá en cuenta el siguiente aspecto:

Puesta a tierra. *Los suiches, incluyendo los dimmers, se deben poner a tierra y tendrán los medios para poner a tierra las tapas metálicas frontales. Un suiche estará efectivamente puesto a tierra si cumple con lo siguiente:*

(1) *El suiche está sujeto con tornillos metálicos a una caja metálica o a una caja no metálica que posea los medios para la puesta a tierra.*

(2) *Un conductor de puesta a tierra de equipos se conecta a una terminación de puesta a tierra del suiche.*

La **Fig. 77** ilustra las dos situaciones anteriores.

En cuanto a los detalles sobre la fabricación de los interruptores, es importante considerar lo siguiente: *las tapas metálicas frontales de los interruptores serán de metal ferroso con no menos de 0.76 mm de espesor, o de material no ferroso con espesor no menor a 1.02 mm. Las tapas no metálicas frontales de material aislante deben ser no combustibles y de un espesor no inferior a 2.54 mm, pero se permitirá que sean de un espesor inferior a 2.54 mm si están reforzadas para brindar una resistencia mecánica adecuada.*

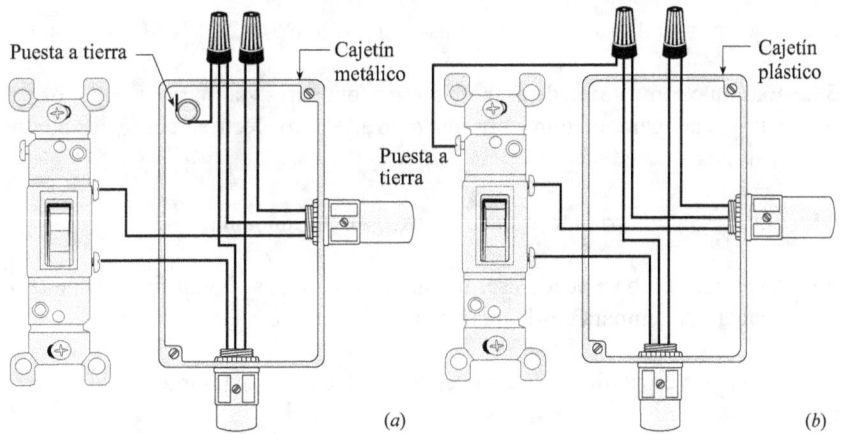

(a)　　　　　　　　　　　(b)

Fig. 77 (*a*) Al sujetar el suiche, con tornillos, al cajetín metálico, se asegura la puesta a tierra. (*b*) Cuando el cajetín es de plástico, el conductor de puesta a tierra se conecta al tornillo de puesta a tierra del suiche.

20. SÍMBOLOS ELÉCTRICOS DE INTERRUPTORES

Los símbolos utilizados para representar a los interruptores en los planos eléctricos son:

S : Interruptor de un polo. S_3 : Interruptor de tres vías.

S_4 : Interruptor de cuatro vías.

Piense...
Explique...

47. ¿Qué es un interruptor eléctrico?

48. ¿Por qué se dice que un interruptor es un elemento binario?

49. Dibuje la estructura básica de un interruptor y explica su funcionamiento.

50. Explique el funcionamiento de interruptores SPST y SPDT.

51. Describa la forma de encender dos lámpara mediante un interruptor SPDT.

52. ¿Qué es un interruptor de tres vías? ¿Cómo funciona?

53. Explique cómo se puede usar un interruptor de tres vías para encender o apagar una lámpara, un tomacorriente o un artefacto eléctrico desde dos puntos distintos.

54. ¿Qué es un interruptor de cuatro vías? ¿Cómo funciona?

55. Explique cómo se puede usar un interruptor de cuatro vías para encender o apagar una lampara desde tres o más puntos.

56. ¿Cómo se especifican las características eléctricas de un interruptor?

57 Explique todo lo relacionado con los regímenes de uso para los interruptores, incluyendo los interruptores de una, dos y tres vías.

58.   ¿Cuál es la corriente típica de un bombillo de tungsteno cuando está frío o caliente? ¿Cómo afecta esto la selección de un interruptor?

59.   ¿Qué es el calentamiento por inducción en ductos metálicos ferrosos? ¿Cómo se produce este calentamiento?

60.   Explique cómo el cableado de suiches de tres vías puede originar el calentamiento por inducción en ductos metálicos. ¿Pueden calentarse por inducción los ductos no metálicos?

61.   ¿Por qué un suiche no debe desconectar el conductor de puesta a tierra?

62.   Describa lo que establecen las normas con respecto al uso de interruptores en zonas húmedas.

63.   Explique lo relativo a la posición de instalación de los interruptores de cuchilla.

64.   ¿Qué establecen las normas respecto a la altura de colocación de los suiches?

65.   ¿Qué determinan las normas en relación con la puesta a tierra de los suiches?

66.   ¿Qué establecen las normas en cuanto a características de las tapas frontales de los interruptores?

67.   Cuando se conectan interruptores de tres vías, ¿a cuáles terminales del otro interruptor se deben conectar los terminales viajeros de uno de los interruptores?

68.   ¿Es siempre necesario conectar el conductor de puesta a tierra de equipos de un cable con cubierta no metálica al tornillo de tierra del cajetín del interruptor? Mencione detalles al respecto.

69.   ¿Cómo se conecta a tierra la tapa frontal de un interruptor?

Ejercicios

En los problemas siguientes, utilice las imágenes de interruptores, lámparas, conductores, canalizaciones, tomacorrientes y cajetines ya mostradas en este libro.

10. En el circuito de la **Fig. 78**, donde la lámpara es controlada por un interruptor, la alimentación entra por el interruptor. Dibuje el cableado correspondiente.

11. En el circuito de la **Fig. 79**, donde la lámpara es controlada por un interruptor, la alimentación entra por la lámpara. Dibuje el cableado correspondiente.

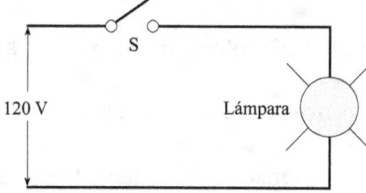

Fig. 78 Ejercicio 10.

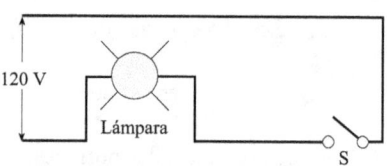

Fig. 79 Ejercicio 11.

12. La **Fig. 80** corresponde al cableado de una lámpara controlada por un interruptor simple con la alimentación en el mismo. Esa alimentación, también sin interrupción, se dirige a un tomacorriente. Dibuje el diagrama circuital de cableado. Se omite el cable de puesta a tierra.

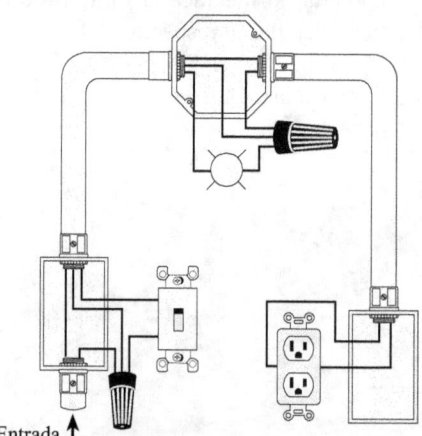

Fig. 80 Ejercicio 12.

13. A partir del circuito eléctrico de la **Fig. 81**, donde se usan interruptores de tres vías, dibuje el cableado correspondiente.

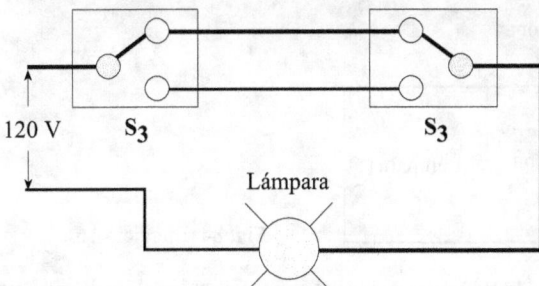

Fig. 81 Ejercicio 13.

14. Dibuje el diagrama elemental de la instalación eléctrica cuyo cableado se muestra en la **Fig. 82**. La alimentación de 120 V entra por la lámpara.

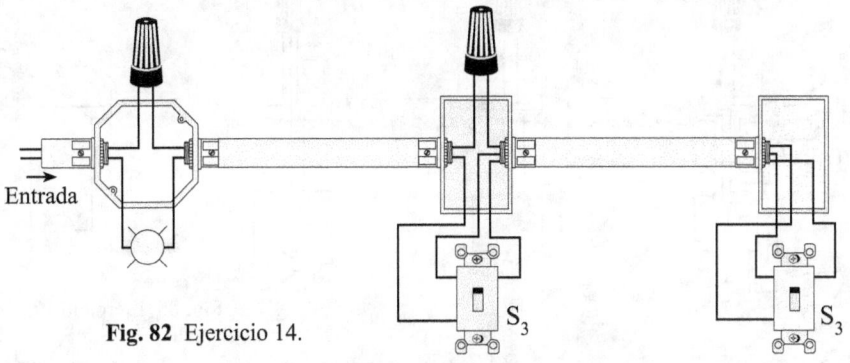

Fig. 82 Ejercicio 14.

15. Una lámpara es controlada desde tres puntos distintos, como se indica en la **Fig. 83**. A partir del diagrama de cableado mostrado, dibuje el diagrama elemental. La alimentación entra por uno de los interruptores de tres vías.

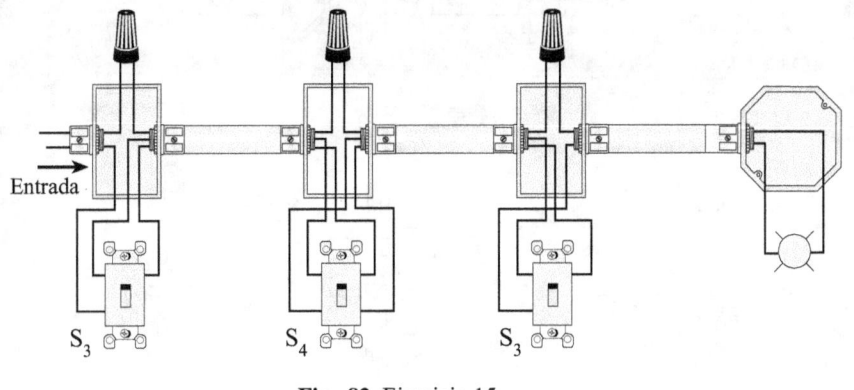

Fig. 83 Ejercicio 15.

16. Algunos interruptores utilizan una luz piloto que indica cuándo una lámpara está encendida o apagada. Esta luz se obtiene de un tubo de neón en serie con una resistencia. Explique cómo funciona este sistema, refiriéndote a la **Fig. 84**.

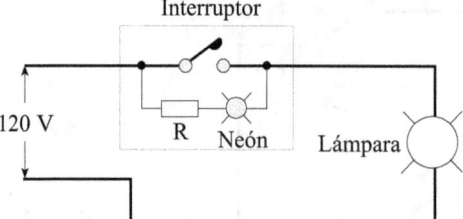

Fig. 84 Ejercicio 16.

17. Explique cómo funciona el circuito cuyo cableado se muestra en la **Fig. 85**. Dibuje el diagrama circuital elemental.

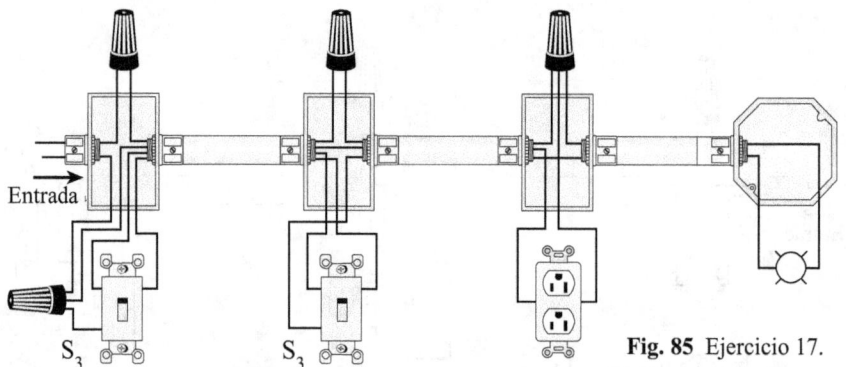

Fig. 85 Ejercicio 17.

18. Explique cómo funciona el circuito cuyo cableado se muestra en la **Fig. 86**. Dibuje el diagrama circuital.

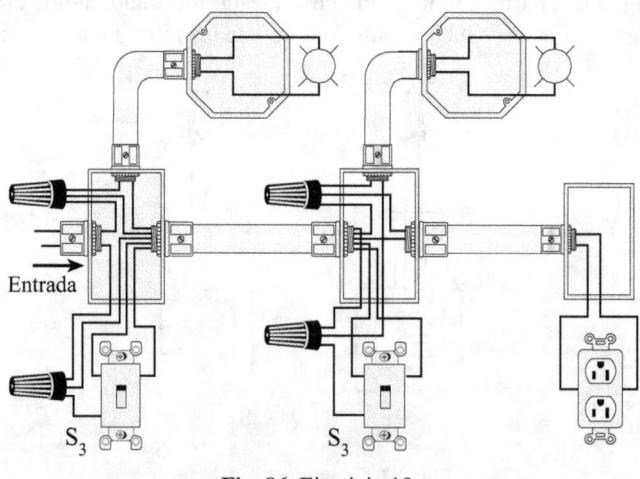

Fig. 86 Ejercicio 18.

19. Dibuje el diagrama de cableado para la **Fig. 87** de modo que las lámparas puedan ser controladas por los interruptores. Asimismo, el tomacorriente debe ser energizado. Use los conductores, las cajas y los conectores apropiados.

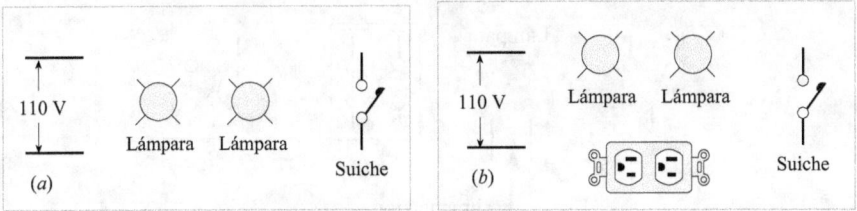

Fig. 87 Ejercicio 19.

20. Complete las conexiones para el control de las dos lámparas, en la **Fig. 88**, desde dos puntos distintos y mediante el uso de dos interruptores de tres vías.

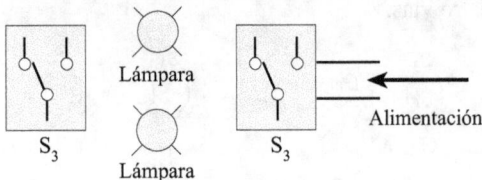

Fig. 88 Ejercicio 20.

21. Dibuje el diagrama de cableado para la **Fig. 89** de modo que las lámparas puedan ser controladas por los interruptores. Asimismo, el tomacorriente debe ser energizado. Use los conductores, las cajas y los conectores apropiados.

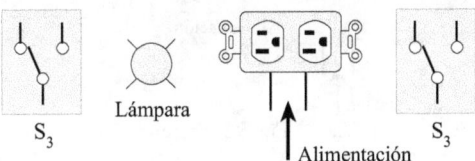

Fig. 89 Ejercicio 21.

22. Complete las conexiones en la **Fig. 90** y dibuja el diagrama de cableado para el control de la lámpara desde tres puntos distintos, usando interruptores de tres y cuatro vías. La línea de alimentación de 110 V entra por la lámpara.

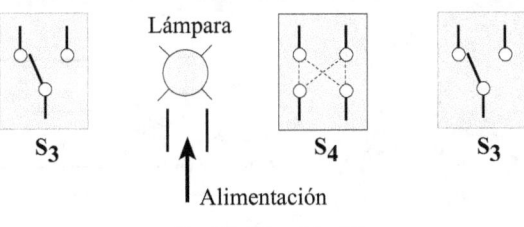

Fig. 90 Ejercicio 22.

23. Completa las conexiones en la **Fig. 91** y dibuja el diagrama de cableado para controlar la lámpara desde tres puntos distintos, usando interruptores de tres y cuatro vías. La alimentación de 110 V entra por el interruptor de cuatro vías.

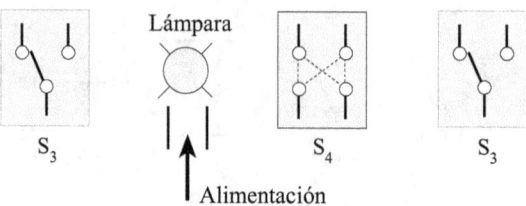

Fig. 91 Ejercicio 23.

24. Completa las conexiones en la **Fig. 92** y dibuja los diagramas de cableado para el control de la lámpara desde tres puntos distintos, usando interruptores de tres y cuatro vías.

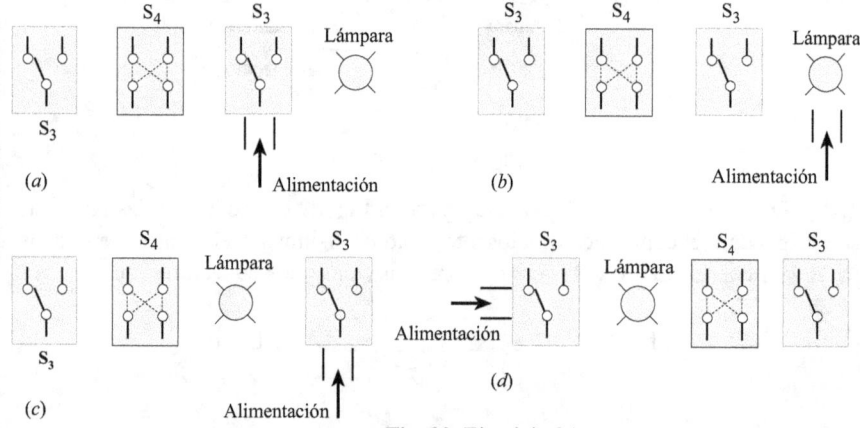

Fig. 92 Ejercicio 24.

25. Haciendo uso de la **Fig. 93**, explica cómo se puede controlar la lámpara desde cuatro puntos distintos y mediante el uso de dos interruptores de tres vías y dos de cuatro vías.

26. Explica cómo funciona el circuito de la **Fig. 94**.

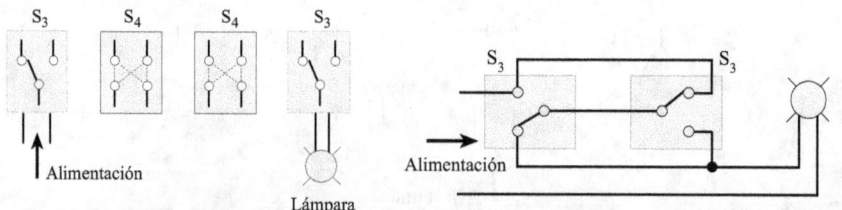

Fig. 93 Ejercicio 25.   **Fig. 94** Ejercicio 26.

UBICACIÓN DE TOMACORRIENTES Y LUMINARIAS

21. EL PROYECTO ELÉCTRICO. GENERALIDADES.

La planificación y el proyecto de una instalación eléctrica es el resultado de una amplia consulta, que incluye al propietario de la edificación, al arquitecto de la obra y al ingeniero electricista que desarrollará el proyecto eléctrico. Este último debe tener en cuenta los hábitos y requerimientos de quienes ocuparán la edificación, así como los artefactos y equipos eléctricos necesarios para garantizar la comodidad y calidad de vida de los usuarios. Para ello, el ingeniero observará estrictamente los requerimientos de una buena instalación eléctrica, señalados en la sección 1.3 del Capítulo 1 de este libro: seguridad, capacidad, accesibilidad, flexibilidad y economía. En este capítulo se enfatiza en la ubicación de tomacorrientes y luminarias en unidades residenciales.

A menudo, en países con importantes índices de pobreza, hay la tendencia a sacrificar los requerimientos mencionados con el fin de obtener una drástica reducción en los costos. Como el objetivo fundamental es velar por la seguridad de las personas que interactúan con la electricidad, no hay que establecer diferencias entre viviendas de interés social, viviendas rurales, viviendas para la clase media o viviendas para la clase alta. En tal sentido, se valora la seguridad del ser humano, independientemente de su estrato social. Esa perversa tendencia de poner en peligro la vida de quienes menos tienen debe ser revertida en la práctica, diseñando sistemas eléctricos que garanticen la seguridad de todos aquellos que, a diario, se exponen a los peligros de la electricidad. Lo que debe diferenciar el diseño eléctrico es el uso más o menos extensivo de aquellos equipos y artefactos que están presentes en hogares de distintos niveles de ingresos. El ingeniero eléctricista ha de enfrentar este reto, reflejando en su diseño lo importante que es la seguridad para cualquier usuario de la energía eléctrica, sin que las barreras económicas intervengan para poner en peligro la vida del ser humano.

Un buen proyecto eléctrico se ciñe, al menos, a las siguientes características:

1. El uso de materiales de calidad aprobados para la instalación. Esto incluye los materiales utilizados en la fabricación de conductores, canalizaciones, cajas, tomacorrientes, interruptores, luminarias, etc.

2. Cantidad suficiente de tomacorrientes, puntos de luz e interruptores ubicados en aquellos sitios que faciliten el uso de la instalación eléctrica.

3. Tableros con capacidad para responder a ampliaciones futuras.

4. Tubería adicional para posibles ampliaciones de la instalación eléctrica.

5. Acometida capaz de soportar la carga de diseño presente y futura.

6. Uso de conductor de puesta a tierra en la instalación y de puesta a tierra de las cubiertas metálicas de equipos, ambos para evitar choques eléctricos.

7. Uso de interruptores de falla a tierra (GFCI) y de falla de arco (AFCI) para desconectar los circuitos cuyo conductor activo se ponga a tierra o que produzcan chispas capaces de ocasionar un incendio.

Junto con su consumo en vatios, vale la pena hacer una lista de los equipos que por lo general se encuentran en los diversos ambientes de una residencia. Aunque no todos ellos podrán hallarse en una instalación eléctrica específica, mencionarlos puede servir de orientación para el diseño de los circuitos ramales residenciales. El consumo de los artefactos puede diferir de los que en la **Tabla 4** se presentan*.

Equipo Eléctrico/Artefacto	Consumo (W)	Equipo Eléctrico/Artefacto	Consumo (W)
A.A. central 24000 BTU (2 ton)	1900	Cocina (4 hornillas)	8000
A.A. central 30000 BTU (2.5 ton)	2800	Cocina (horno + 4 hornillas)	12000
A.A. central 36000 BTU (3 ton)	2900	Computadora	60–250
A.A. central 60000 BTU (5 ton)	4900	Congelador (14 pies cúbicos)	350
A.A. tipo *split* 9000 BTU	820	Cuchillo eléctrico	360
A.A. tipo *split* 12000 BTU	1260	Deshumecedor portátil	90
A.A. tipo *split* 15000 BTU	1410	Ducha eléctrica	3500
A.A. tipo *split* 18000 BTU	1840	Equipo de sonido	100
A.A. tipo *split* 24000 BTU	2300	Esterilizador de teteros	500
A.A. tipo *split* 36000 BTU	2660	Horno grande	4000–8000
A. A. ventana 12000 BTU	800	Humificador	40
A. A. ventana 15000 BTU	1410	Impresora *deskjet*	20
A. A. ventana 18000 BTU	1840	Impresora láser	400
A. A. ventana 24000 BTU	2300	Lavadora automática	500
Abridor de latas	120	Lavaplatos	1200–1500
Aspiradora	650	Licuadora	300
Batidora	200	Máquina de afeitar	20
Bomba de agua 1.5 HP	1120	Máquina de coser	100
Bomba de agua 1/3 HP	250	Microondas	600–1500
Cafetera	800	Olla arrocera	1000
Calentador de agua	3000	Plancha	360
Calentador de teteros	350	Procesador de alimentos	360

Tabla 4 Equipos y artefactos usados comúnmente en una residencia y su consumo típico en vatios.

* Los consumos mostrados son solo ilustrativos. El consumo real puede variar de acuerdo con los avances tecnológicos.

Equipo Eléctrico/Artefacto	Consumo (W)	Equipo Eléctrico/Artefacto	Consumo (W)
Pulidora de pisos	300	Taladro 1/2 pulg.	750
Radio	20–70	Taladro 1/4 pulg.	250
Refrigerador	400	Televisor 19 pulg.	200
Sandwichera	650	Televisor 25 pulg.	250
Sartén eléctrica	1300	Tostadora de pan	800–1500
Secador de pelo	1875	Tostiarepa	1200
Secadora de ropa (120 V)	1600	Triturador de desperdicios	10–50
Secadora de ropa (220 V)	5000	Ventilador de techo	10–50
Taladro 1 pulg.	1000	Ventilador portátil de mesa	10–25

Tabla 4 *Continuación*. Equipos y artefactos usados comúnmente en una residencia y su consumo típico en vatios.

Para optimizar la instalación eléctrica en una residencia, es recomendable que el diseño del proyecto comprenda los siguientes pasos:

1. Asegurar que el suministro de energía eléctrica esté disponible.

2. Establecer conversaciones con el dueño de la residencia, si se trata de un desarrollo individual, o con el grupo de familias, si se trata de proyectos colectivos o de interés social, con el fin de precisar los equipos y artefactos a utilizar en el hogar. Tomar las previsiones para futuras ampliaciones.

3. Precisar dónde se van a colocar los distintos puntos de tomacorrientes, lámparas, interruptores y todas aquellas salidas necesarias para desarrollar el cableado de la instalación en los planos arquitectónicos. Esto se deberá hacer en estrecha colaboración con el arquitecto y los propietarios residenciales. Aquí es necesario distinguir entre los tomacorrientes de uso general y los que alimentarán artefactos y equipos individuales.

4. Ubicar los sitios de colocación del tablero principal y de los subtableros.

5. Calcular el número de circuitos de alumbrado y de tomacorrientes. Añadir circuitos de reservas para futuras ampliaciones.

6. Dibujar el cableado de los circuitos de alumbrado y de tomacorrientes, así como establecer la forma de conectarlos a los tableros y subtableros.

7. Calcular el calibre de los conductores y de los ductos de la instalación eléctrica.

8. Determinar las protecciones de cada uno de los circuitos de la instalación eléctrica.

9. Verificar que la caída de tensión no supere lo sugerido por las normas.

10. Seleccionar el tipo de acometida: aérea o subterránea.

11. Calcular el calibre de la acometida.

12. Diseñar los sistemas de comunicación y de señales.

En este capítulo nos concentraremos en el tercero de los pasos anteriores. Para ello consideraremos los distintos ambientes de las residencias y la ubicación de los tomacorrientes, puntos de luz e interruptores que conforman la instalación.

22. GENERALIDADES SOBRE LA UBICACIÓN DE TOMACORRIENTES, LÁMPARAS E INTERRUPTORES EN LOS DIFERENTES AMBIENTES DE UNA RESIDENCIA

Antes de abordar el objetivo específico de esta sección, es conveniente hacer algunas observaciones generales que optimizan el diseño de la instalación eléctrica:

1. Cuando hay ambientes contiguos, se obtendrá un ahorro notable colocando dos tomacorrientes uno enfrente del otro, tal como se indica en la **Fig. 95**.

2. Es conveniente, cuando se pueda, colocar uno de los tomacorrientes debajo del interruptor que controla la luz del ambiente. Esta previsión impide que ese tomacorriente quede escondido detrás de cualquier mueble, ya que es improbable que debajo del interruptor se coloque mueble alguno (ver **Fig. 96**).

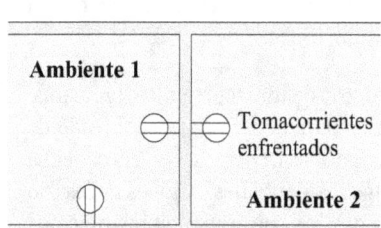

Fig. 95 Colocación de tomacorrientes en espacios contiguos.

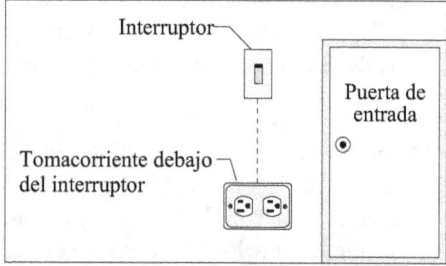

Fig. 96 A fin de evitar que el tomacorriente pueda ser ocultado por un mueble, es conveniente colocarlo debajo del interruptor que controla la luz del ambiente.

3. Aun cuando no está expresamente prohibido por las normas, los interruptores de lámparas no deben colocarse detrás de las puertas de los distintos ambientes. Esto facilita el encendido o apagado de las lámparas. Ver **Fig. 97**.

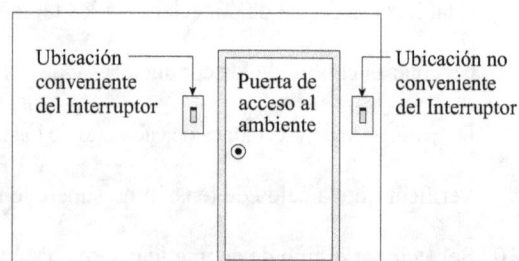

Fig. 97 No es conveniente colocar los interruptores de lámparas detrás de las puertas de acceso.

4. A pesar de que se han establecido distancias máximas entre dos tomacorrientes, un buen diseño debe prever la inclusión de suficientes tomas por debajo de esas distancias, evitando que las mismas se conviertan en reglas limitantes. Asimismo, el intercambio de información con el propietario y el arquitecto o ingeniero civil debe definir dónde se va a colocar el mobiliario dentro de ambientes específicos, de manera que los muebles no oculten los tomacorrientes.

5. Colocación de tomacorrientes de propósito general: Se deben instalar tomacorrientes en los distintos ambientes de una residencia (cocina, comedor, sala de estar, biblioteca, dormitorios, pasillos, etc.), de manera que ningún punto, medido horizontalmente a lo largo de la línea del piso, en cualquier *espacio de pared*, esté a más de 1.80 m (6 pies) de un tomacorriente. Esto significa que la distancia máxima entre un tomacorriente y otro no puede ser mayor que 3.60 m, como lo indica la **Fig. 98**. Esta regla no se aplica a salas de baño, cuartos de lavadero o garajes, ambientes donde haya situaciones específicas desde el punto de vista de la instalación eléctrica. Hay que mencionar que *un espacio de pared se define como aquel con una longitud igual o mayor que 60 cm (2 pies), incluyendo la distancia alrededor de las esquinas, no interrumpida a lo largo de la línea del piso, por puertas, chimeneas u otras aberturas similares.*

En la **Fig. 99** se observa que entre los tomacorrientes A-B, B-C y C-D las distancias son 3.6 m, mientras que la distancia D-A es de 2.2 m, longitud menor que la máxima distancia permitida. Una forma de comenzar la ubicación de los tomacorrientes en una habitación es medir 1.8 m a partir de ambos extremos de la puerta de entrada y, luego, tomar intervalos de pared iguales a 3.6 m para poner los otros tomacorrientes, tal como se muestra en la **Fig. 31**. Los tomacorrientes generales se colocarán a una altura de 30 cm sobre el piso terminado.

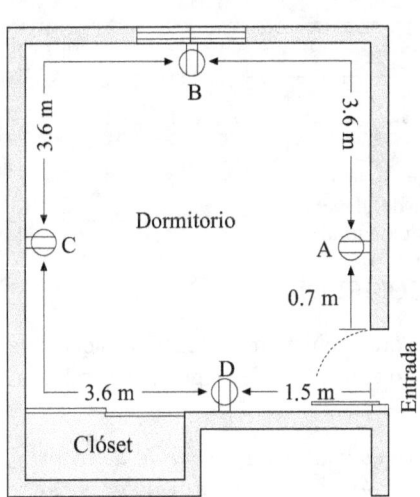

Fig. 98 Entre un tomacorriente y otro la distancia, medida a lo largo de la pared, no debe ser mayor que 3.6 m (12 pies).

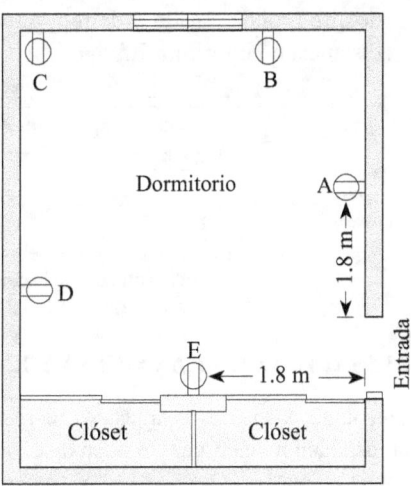

Fig. 99 Una buena práctica para iniciar la ubicación de los tomacorrientes es colocar los dos primeros a una distancia de 1.8 m, a ambos lados de la abertura de la puerta de entrada, y, a partir de allí, ubicar el resto de los tomacorrientes.

Es bueno mencionar que la colocación de los tomacorrientes en el dormitorio de las **figuras 98** y **99** solo trata de subrayar las distancias entre los mismos, sin tener en cuenta la conveniencia de su ubicación en determinados puntos. La ubicación más conveniente de los tomacorrientes debe tomar en consideración la colocación del mobiliario dentro de la habitación y será discutida más adelante en este capítulo.

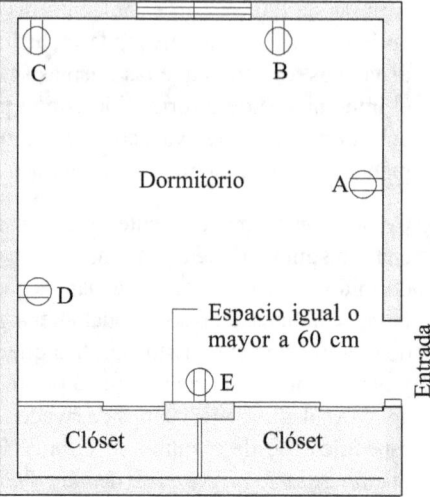

6. En cualquier espacio de pared con una longitud de 60 cm o más, se debe colocar un tomacorriente. Ver **Fig. 100.**

7. Los tomacorrientes de piso, colocados a menos de 45 cm de la pared, se deben tener en cuenta para los efectos de la distancia de 3.6 m discutida en los puntos anteriores.

Fig. 100 Se debe colocar un tomacorriente en cualquier espacio de pared con longitud igual o mayor que 60 cm.

8. En los pasillos de longitud igual o superior a 3 m se debe colocar, al menos, un tomacorriente. A los efectos de medir esa distancia, se tendrá en cuenta la línea media del pasillo, como se indica en la **Fig. 101**.

9. Con el fin de garantizar el mantenimiento apropiado a los equipos de calentamiento, de aire acondicionado o de refrigeración, se debe instalar un tomacorriente a una distancia no inferior a 7.5 m de dichos equipos.

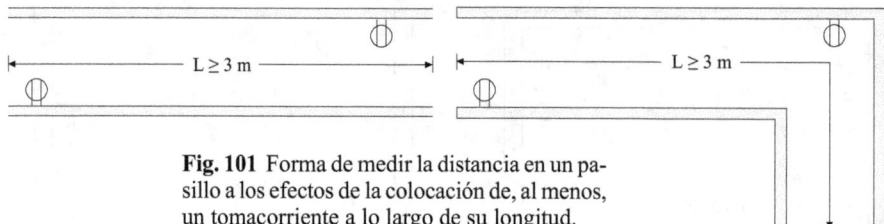

Fig. 101 Forma de medir la distancia en un pasillo a los efectos de la colocación de, al menos, un tomacorriente a lo largo de su longitud.

23. SALIDAS EN LA COCINA Y EN EL COMEDOR

La cocina es una de las áreas de una residencia que requiere más atención en cuanto a la instalación eléctrica. Un buen diseño eléctrico contemplará lo siguiente en relación con la cocina:

Circuitos para pequeños artefactos: *En la cocina,* pantry, *sala de desayuno* (breakfast room), *comedor o áreas similares, dos o más circuitos de pequeños artefactos deben alimentar a todos los tomacorrientes de pared y piso, a todos los tomacorrientes en los topes de los muebles de cocina y a los tomacorrientes para refrigeración.*

Excepción: El tomacorriente para equipos de refrigeración se puede alimentar a partir de un circuito individual de 15 A o más.

Interpretemos la norma anterior. De la misma se deduce que para la cocina se deben destinar, al menos, dos circuitos de 20 A para pequeños artefactos (licuadora, tostadora, etc.), los cuales alimentarán a los tomacorrientes que van en las paredes y pisos de los ambientes descritos arriba (cocina, *pantry*, sala de desayuno, comedor, etc.), a los tomacorrientes ubicados por encima del mueble de cocina y a los tomacorrientes de los equipos de refrigeración (nevera y congelador).

Por otra parte, la excepción mencionada establece que el refrigerador puede tener un tomacorriente conectado a un circuito individual. Esto se prevé para evitar que las fluctuaciones de voltaje, cuando el equipo de refrigeración arranca, puedan afectar a otros circuitos ramales de la instalación.

Como se mencionó anteriormente (punto 5), los tomacorrientes generales de la cocina se deben instalar de modo que ningún punto, a lo largo de la línea del piso en una pared no interrumpida, esté a más de 1.8 m de un tomacorriente. *Los dos o más circuitos para pequeños artefactos no deben alimentar a artefactos como lavaplatos automático, cocina eléctrica, trituradores de desperdicios, compactador de basura, horno de microondas o tomacorrientes externos a la cocina.* Se exceptúan los tomacorrientes para relojes eléctricos y los usados en el encendido de cocinas y hornos a gas y eléctricos, los cuales pueden conectarse a los circuitos de pequeños artefactos.

También está reglamentada la colocación de tomacorrientes sobre los gabinetes de cocina:

Distancia: Se instalará un tomacorriente en cualquier espacio sobre los gabinetes de cocina que tengan una longitud igual o superior a 30 cm. Se deben instalar tomacorrientes en forma tal que ningún punto a lo largo de la línea esté a más de 60 cm (24 pulgadas), medido horizontalmente, desde un tomacorriente, en ese espacio de pared.

*Excepción: No se requiere un tomacorriente en una pared que quede directamente detrás de una cocina o fregadero y que tenga una longitud igual o menor que 30 cm (ver **Fig. 103**). El espacio detrás de esos artefactos no cuenta para los efectos de la distancia arriba descrita.*

Según lo anterior, la distancia entre dos tomacorrientes consecutivos no debe superar 1.20 m (48 pulgadas). Observa que se habla de un espacio de pared, tal como se le definió anteriormente. Por tanto, los espacios ocupados por los equipos de cocina, sumideros (poncheras), lavaplatos y equipos similares no se tienen en cuenta para la medición de la distancia entre tomacorrientes.

Los espacios de la cocina entre los cuales se encuentren topes de cocina, refrigerador, congelador y fregadero (poncheras) deben ser considerados como espacios separados.

Todos los tomacorrientes colocados encima de los muebles de cocina deben ser del tipo GFCI. Por otra parte, los tomacorrientes que queden detrás de equipos eléctricos como refrigeradores, congeladores y lavaplatos automáticos no necesitan ser protegidos por GFCI.

A cada lado de artefactos como lavaplatos automático, cocinas y fregadero se dejará una distancia menor o igual a 60 cm entre el artefacto y el tomacorriente. Esto constituye un criterio para empezar a distribuir los tomacorrientes en los topes de los gabinetes.

En la **Fig. 102** se presenta la distribución de toma-corrientes en la sala de cocina considerando los criterios descritos anteriormente. En tal figura se puede ver que solo los tomacorrientes que se encuentran visibles sobre el tope del gabinete de cocina y correspondientes a pequeños artefactos (identificados como T_{6PA}, T_{7PA}, T_{8PA}, T_{9PA}, T_{10PA} y T_{11PA}) son del tipo GFCI. Cualquier salida que se encuentre detrás de la cocina, y se use para el encendido electrónico, las luces de la campana de la misma o cualquier otro uso, no requiere protección por un GFCI.

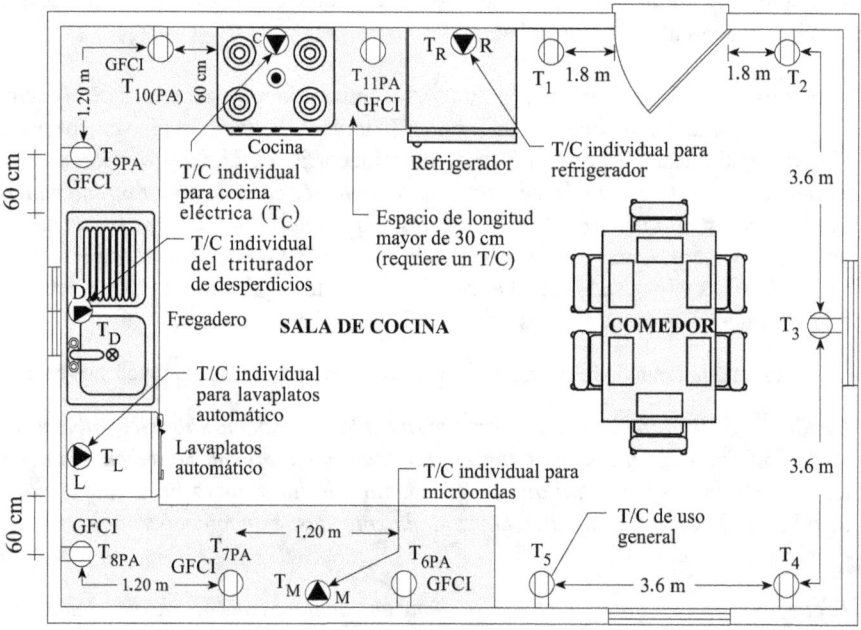

Fig. 102 Distribución de tomacorrientes en la sala de cocina, según lo establecido por las normas eléctricas.

Los tomacorrientes T_{8PA} y T_{9PA} se colocan a 60 cm, al lado del lavaplatos y del fregadero. El tomacorriente T_{10PA} está a 60 cm de la cocina. Entre la cocina y el refrigerador hay una superficie de trabajo con ancho superior a los 30 cm y que requiere, por tanto, la presencia de un tomacorriente (T_{11PA}). Observa que la distancia entre los tomacorrientes T_{9PA} y T_{10PA} puede ser igual o inferior a 1,20 m. Hemos asumido que es de 1,20 m, pero podría ser menor. Entre los tomacorrientes $(T_{6PA} - T_{7PA})$ y $(T_{7PA} - T_{8PA})$ hay 1,20 m.

En la sala de cocina hay cinco tomacorrientes individuales (T_M, T_L, T_D, T_C y T_R), que corresponden al microondas, al lavaplatos automático, al triturador de desperdicios, a la cocina eléctrica y a la nevera, respectivamente.

Cinco tomacorrientes de uso general (T_1, T_2, T_3, T_4, y T_5) sirven para alimentar al comedor, separados entre sí 3.6 m. Para hacer la distribución en esta área, se partió de dos tomacorrientes (T_1 y T_2) colocados a 1.8 m, a partir de los extremos de la puerta de acceso al comedor.

La **Fig. 103** esclarece lo contemplado en la excepción citada últimamente: cuando la distancia X no supere los 30 cm, no es necesario instalar un tomacorriente detrás del artefacto.

Ningún punto a lo largo de la línea que une a dos tomacorrientes estará a una distancia superior a 60 cm de cualquiera de ellos. Si X es inferior a 30 cm, la distancia horizontal

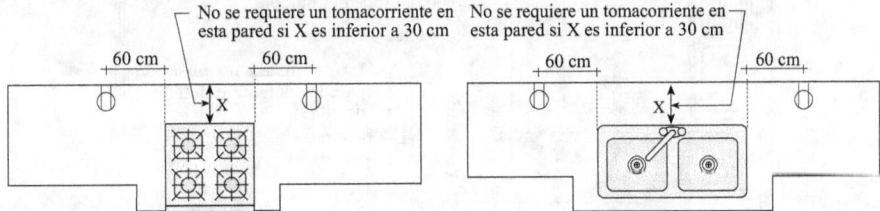

Fig. 103(*a*) Colocación de tomacorrientes sobre la pared de los gabinetes de cocina: No es necesario colocar un tomacorriente detrás de una cocina o un fregadero, cuya instalación esté como se muestra en la figura, cuando la distancia X no sea superior a 30 cm.

Ningún punto a lo largo de la línea que une a dos tomacorrientes estará a una distancia superior a 60 cm de cualquiera de ellos. Si X es inferior a 30 cm, la distancia horizontal detrás del artefacto no se tendrá en cuenta.

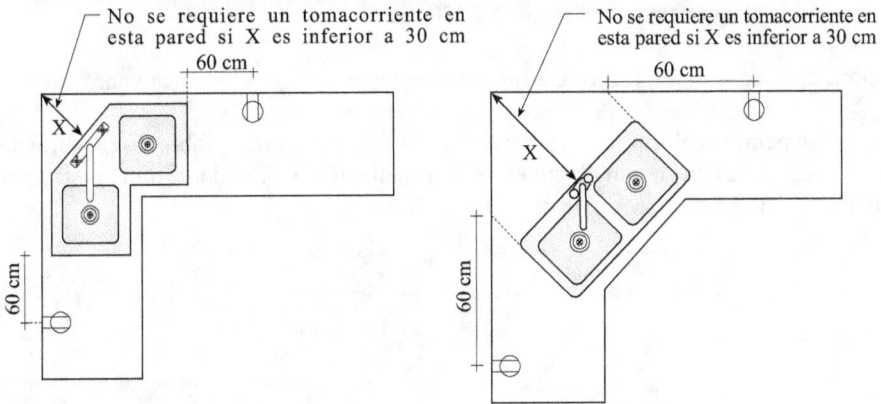

Fig. 103(*b*) Colocación de tomacorrientes sobre la pared de los gabinetes de cocina: No es necesario colocar un tomacorriente detrás de una cocina o un fregadero, cuya instalación esté como se muestra en la figura, cuando la distancia X no supere 30 cm.

Otra situación a ser considerada en una sala de cocina tiene que ver con los muebles aislados que no forman parte integral de los gabinetes de cocina. A estos muebles aislados se les conoce como *penínsulas e islas* y presentan como característica distintiva el no poseer paredes detrás o delante de los mismos, tal como se indica en la **Fig. 104**. Se deben alimentar de acuerdo con lo establecido por las reglas que a continuación consideramos.

Se instalará, al menos, un tomacorriente en cada espacio peninsular que tenga un largo mínimo de 60 cm o un ancho mínimo de 30 cm. El espacio peninsular se mide a partir del lado que lo conecta con el resto del mueble de cocina. En las penínsulas e islas los tomacorrientes se instalarán a una distancia no mayor de 30 cm por debajo de su tope.

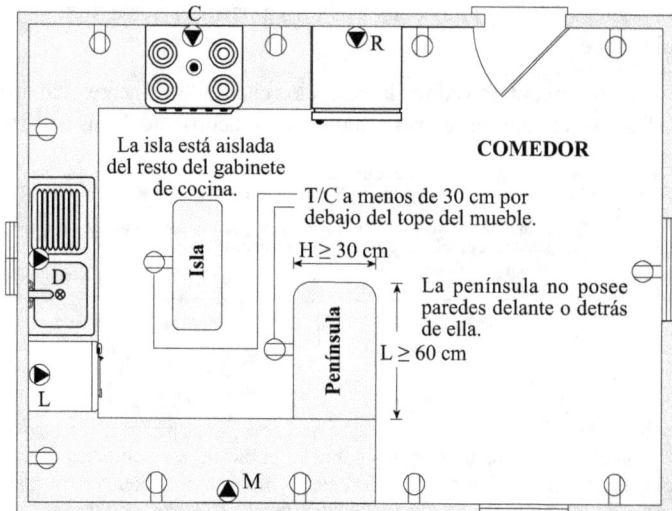

Fig. 104 Sala de cocina con península e isla. Estas se distinguen por no poseer paredes detrás de ellas.

En cuanto a las islas, se debe instalar un tomacorriente en cada isla que tenga un largo mínimo de 60 cm o un ancho mínimo de 30 cm.

Otras consideraciones, respecto a los tomacorrientes de la cocina, incluyen:

1. No se permite colocar tomacorrientes con la cara hacia arriba sobre los muebles de la cocina. Esto tiene como objeto evitar la penetración de líquidos y otras sustancias por las ranuras del tomacorrientes. Ver **Fig. 105**.

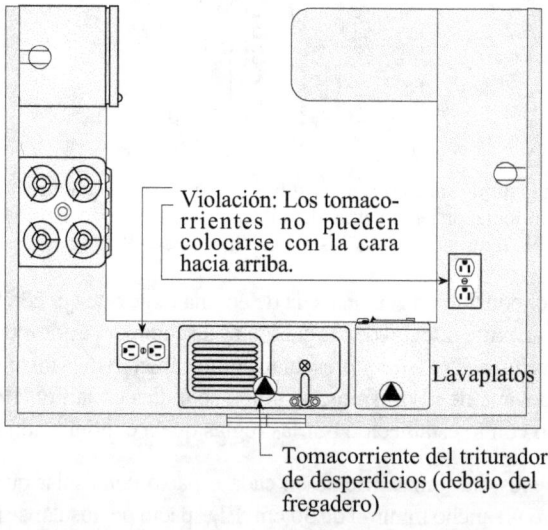

Fig. 105 No se permite la instalación de tomacorrientes con la cara hacia arriba en los muebles de la cocina.

2. Los tomacorrientes no se deben colocar a una altura superior a los 50 cm por encima de los topes de cocina. Ver **Fig. 106**.

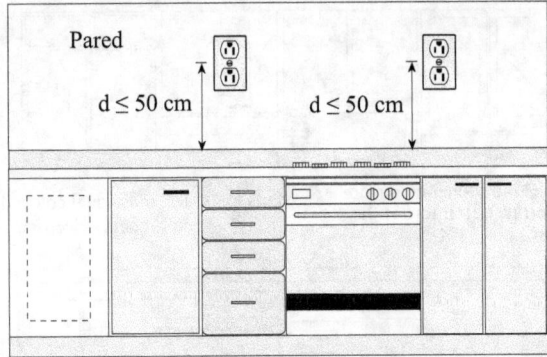

Fig. 106 No se permite la instalación de tomacorrientes a una altura menor que 50 cm de los topes de la cocina.

3. Los tomacorrientes que no sean accesibles fácilmente, como los que están detrás de un refrigerador, de un lavaplatos automático o de un triturador de desperdicios, no se consideran como parte de los tomacorrientes que van a colocarse sobre los gabinetes de cocina y no requieren, por tanto, ser del tipo GFCI. Ver **Fig. 107**.

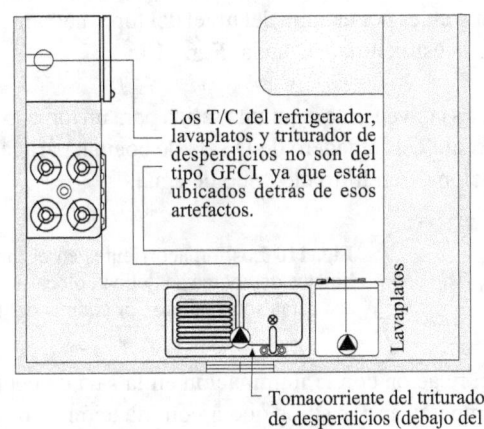

Los T/C del refrigerador, lavaplatos y triturador de desperdicios no son del tipo GFCI, ya que están ubicados detrás de esos artefactos.

Fig. 107 No se requieren tomacorrientes tipos GFCI para el refrigerador, el lavaplatos y el triturador de desperdicios porque no son tomacorrientes del tope de la cocina.

Tomacorriente del triturador de desperdicios (debajo del fregadero)

4. No se deben instalar tomacorrientes debajo de un tope de cocina, isla o península que se extienda más de 15 cm sobre su gabinete de base. Ver **Fig. 108**.

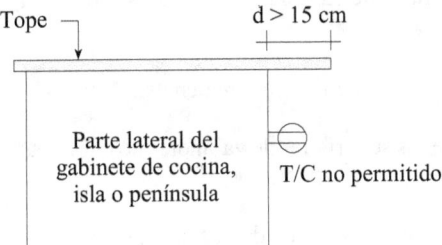

Fig. 108 No se permite la instalación de tomacorrientes debajo del tope de un gabinete de cocina, isla o península cuando este se extiende más de 15 cm sobre su gabinete de base. Cuando el tope sobresale menos de 15 cm se permite instalar tomacorrientes a una distancia de 30 cm del tope.

5. Todo horno de microondas se debe conectar a un tomacorriente individual. La cocina eléctrica debe poseer también su propio tomacorriente individual. **Fig. 109**.

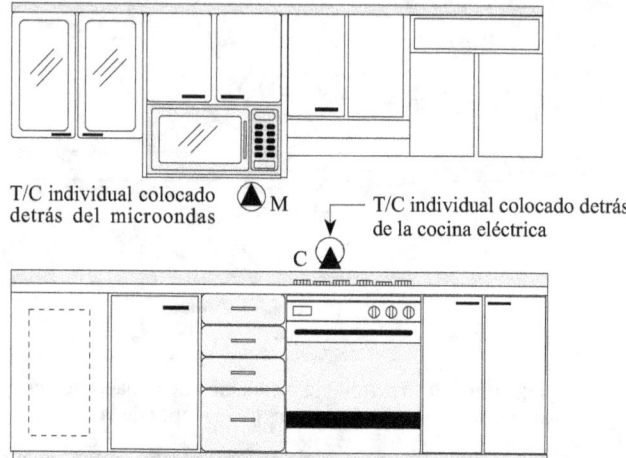

T/C individual colocado detrás del microondas ⬤M

T/C individual colocado detrás de la cocina eléctrica

C ⬤

Fig. 109 Tanto el horno de microondas como la cocina eléctrica deben tener tomacorrientes individuales.

6. En una península o una isla se pueden instalar tomacorrientes por encima del nivel del tope mediante el uso de la estructura adecuada. **Fig. 110**.

7. Es conveniente dejar una salida para un tomacorriente debajo del fregadero de la sala de cocina, para la instalación de un filtro eléctrico de agua.

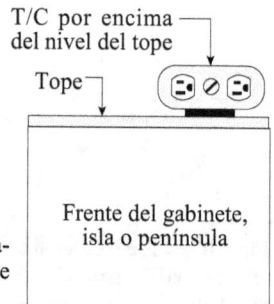

T/C por encima del nivel del tope

Tope

Frente del gabinete, isla o península

Fig. 110 Los tomacorrientes en el tope de los gabinetes de cocina se deben colocar de manera que sus caras sobresalgan por encima del mismo.

En relación con la iluminación en la sala de cocina, se recomienda dejar salidas para lámparas en los sitios que a continuación se describen. Asimismo, es recomendable utilizar lámparas fluorescentes o lámparas de LED en todos los ambientes. Esto redundará en un ahorro significativo de energía.

a) Comedor y sala de cocina: Luces generales de techo que permitan alumbrar la zona central.

b) Lavaplatos (fregadero): Luz focalizada para facilitar la tarea en esta área.

c) Gabinetes: Luces colocadas sobre aquellas superficies de gabinetes no cubiertas apropiadamente por el alumbrado general.

d)Zonas de comida: Se debe prestar atención a los sitios de la sala de cocina que sirven como áreas eventuales de comida, tales como sitios de desayuno o cena.

Estos pueden estar localizados sobre el mismo gabinete de cocina y se deben iluminar adecuadamente.

e) En algunos casos, puede ser necesario iluminar el interior de los gabinetes de piso en la cocina. Es importante conversar al respecto con el propietario, el constructor o el arquitecto.

La cocina, cuando posee la campana para recoger los gases que se desprenden de las sartenes y ollas, tiene normalmente una iluminación propia.

Para los ambientes de la sala de cocina y el comedor de la **Fig. 102**, se puede hacer una distribución de luminarias y sus respectivos interruptores de control como la que se presenta en la **Fig. 111**.

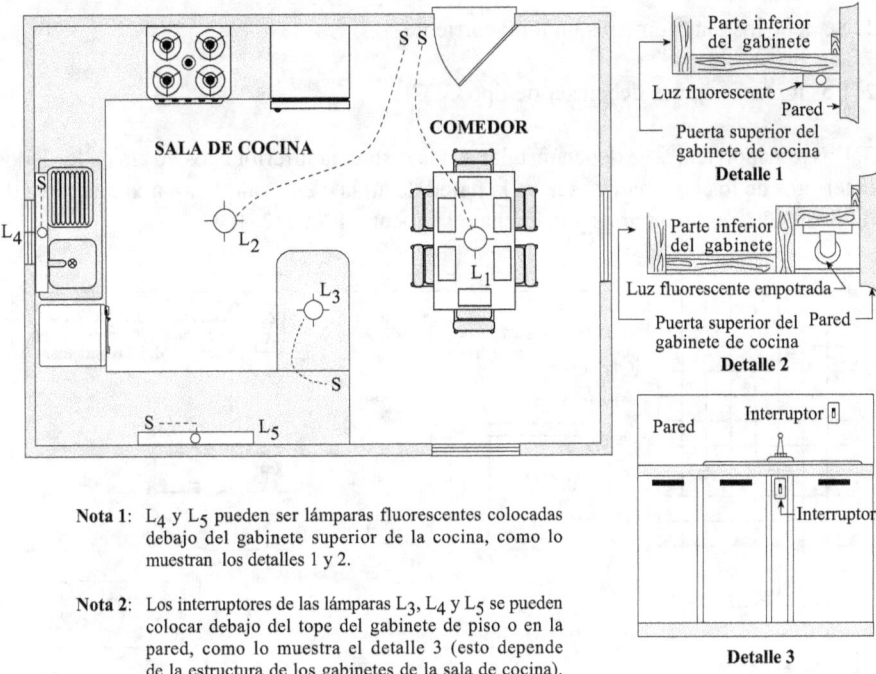

Nota 1: L_4 y L_5 pueden ser lámparas fluorescentes colocadas debajo del gabinete superior de la cocina, como lo muestran los detalles 1 y 2.

Nota 2: Los interruptores de las lámparas L_3, L_4 y L_5 se pueden colocar debajo del tope del gabinete de piso o en la pared, como lo muestra el detalle 3 (esto depende de la estructura de los gabinetes de la sala de cocina).

Fig. 111 Distribución de lámparas e interruptores de control en los ambientes de comedor y sala de cocina.

Las lámparas L_1 y L_2 corresponden al alumbrado general de la sala de cocina y del comedor. Están controladas por interruptores colocados del lado móvil de la puerta.

En la parte superior de la península, sitio que eventualmente se puede utilizar para comer, se ha previsto una luz de techo (L_3) controlada por un interruptor ubicado por debajo del tope del gabinete (ver **Detalle 3**). Con el fin de iluminar la zona donde se encuentra el fregadero, se prevé una lámpara fluorescente (L_4) encima del mismo, controlada por un interruptor que se puede colocar o por debajo del tope del gabinete, si el mueble de cocina lo permite, o en la parte de la pared que queda encima del gabinete, como se indica en el detalle 3 de la **Fig. 111**.

Se instalará una lámpara fluorescente (L$_5$) en la parte más larga del gabinete de cocina. Se controlará según el Detalle 3 de la **Fig. 111** o con un suiche ubicado convenientemente.

Las lámparas L$_4$ y L$_5$ se pueden instalar como lo muestran los detalles 1 y 2 de la **Fig. 111**. En el primer caso se colocan superficialmente, mientras que en el segundo se empotran entre la pared y la parte trasera del mueble superior del gabinete de cocina.

24. SALIDAS ELÉCTRICAS EN LA SALA DE BAÑO

Una sala de baño se define como un área que incluye al lavamanos con uno o más de los siguientes elementos adicionales: poceta, bañera y regadera. Las siguientes disposiciones se aplican a las salas de baño:

1. Se debe instalar al menos un tomacorriente.

2. Los tomacorrientes deben ser de tipo GFCI.

3. Los tomacorrientes se deben instalar a una distancia inferior a los 90 cm de los lados exteriores de los lavamanos, sea en la pared de atrás o en cualquier pared que sirva de división entre el lavamanos y la ducha o la poceta. **Fig. 112**.

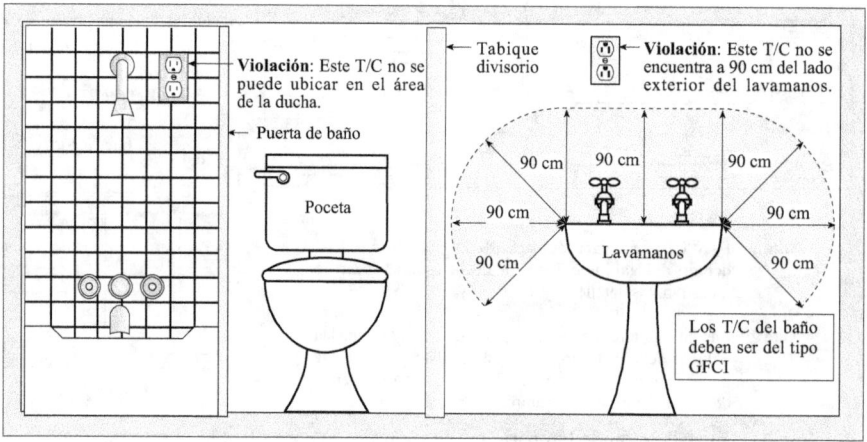

Fig. 112 En la sala de baño se debe instalar un tomacorriente a una distancia menor de 90 cm del lavamanos.

La sala de baño es uno de los sitios que deben ser diseñados con base en los criterios de seguridad, por tratarse de un lugar donde el agua se conjuga con la presencia de artefactos eléctricos. De allí la importancia del uso de los GFCI en ese ambiente.

4. Si el lavamanos está empotrado en un mueble, se puede colocar en la parte frontal del mismo, a una distancia que no sea superior a los 30 cm por debajo del tope del mueble. **Fig. 113**.

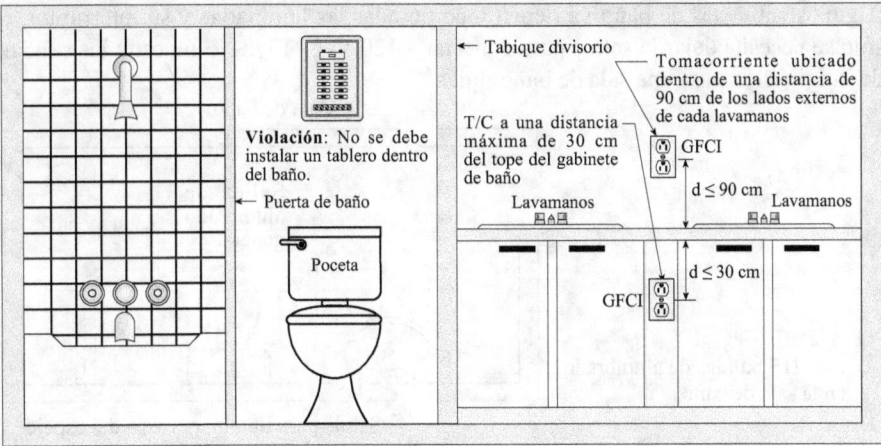

Fig. 113 Cuando el lavamanos está empotrado, se puede colocar un tomacorriente a menos de 30 cm debajo del tope.

5. Los tomacorrientes se deben alimentar a partir de un circuito ramal individual y no deben suministrar energía a otras cargas, como las salidas para lámparas. Ese mismo circuito puede alimentar a otra sala de baño, aunque no se recomienda por el uso que se les da al alimentar secadores de pelo de alto consumo. Se recomienda usar circuitos ramales individuales para cada sala de baño.

6. No se permite colocar los tomacorrientes con la cara frontal hacia arriba en los gabinetes de baño. **Fig. 114**.

Fig. 114 En una sala de baño, un tomacorriente no se debe colocar con su cara frontal hacia arriba.

7. No se permite instalar tomacorrientes, sean normales o a prueba de agua, dentro del área de la ducha o de la bañera. **Fig. 112**.

8. Los tableros eléctricos no se deben instalar en las salas de baño. **Fig. 113**.

En cuanto al alumbrado de la sala de baño, las normas establecen que se debe tener, al menos, una salida de iluminación controlada por un interruptor. Por lo general, se colocan luminarias de propósito general para toda la sala de baño y lámparas encima del espejo. Estas últimas se ubican frente al mismo o en la pared que queda detrás. Algunos gabinetes de baño ya tienen incorporadas las luminarias y su interruptor, y solo se necesita dejar la salida para conectar a 120 V. La **Fig. 115** muestra las salidas de iluminación para una sala de baño típica.

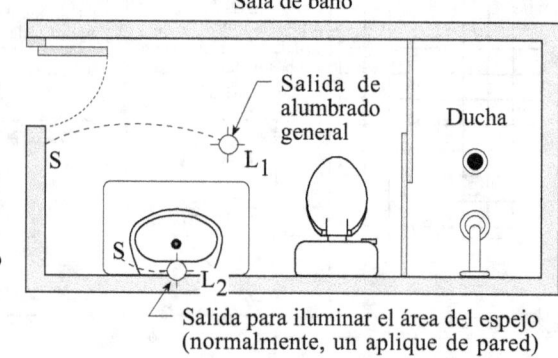

Fig. 115 Salidas de alumbrado en la sala de baño.

Se prohíbe la colocación de luminarias suspendidas mediante un cordón, rieles de alumbrado, apliques o ventiladores de techos suspendidos en una zona comprendida entre 90 cm horizontales y 2.5 m verticales del borde superior de una bañera o cubículo de la ducha, tal como lo indica la **Fig. 116**. Sin embargo, se pueden colocar luminarias, montadas superficialmente o empotradas, dentro de la zona de restricción.

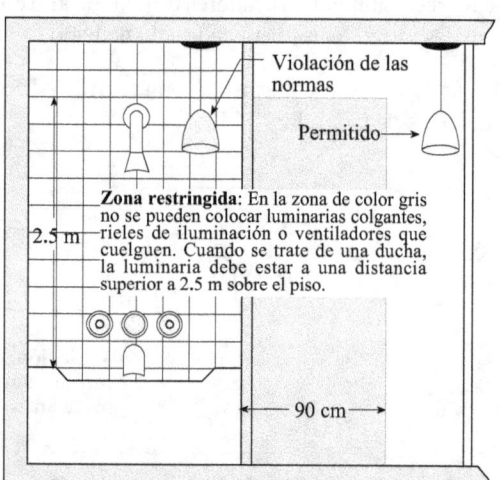

Fig. 116 La colocación de luminarias colgantes, rieles de iluminación y ventiladores colgantes está restringida según la zona sombreada.

Es conveniente mencionar que la luminaria utilizada para iluminar el espejo del baño se debe colocar de manera que facilite las actividades que se realizan frente al mismo. Si se coloca de modo que la luz caiga directamente sobre la cabeza de la persona, se originan sombras en la cara que no permitirán tener una buena imagen al afeitarse, peinarse, etc. En la **Fig. 117** se muestran las posiciones incorrecta y correcta de ubicar la luminaria para lograr un buen efecto. Otra variante de la iluminación de techo o empotrada en el espejo consiste en colocar varios bombillos a ambos lados del espejo, adicionales a la iluminación por encima del mismo.

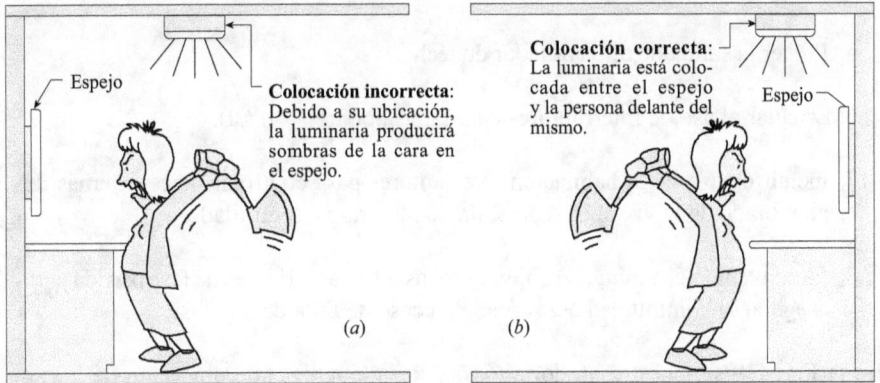

Fig. 117 Posiciones incorrecta (*a*) y correcta (*b*) de ubicar una luminaria frente al espejo del baño.

Finalmente, debemos mencionar que está prohibida la instalación de interruptores en lugares húmedos, como bañeras y duchas, a menos que los mismos estén instalados como parte integral del conjunto que viene con la bañera o la ducha.

25. SALIDAS ELÉCTRICAS EN DORMITORIOS

Las variadas actividades que se realizan en los dormitorios requieren una instalación eléctrica adecuada y versátil. Las distintas posiciones que puede tener el mobiliario dentro de las habitaciones de dormir condicionan la distribución de luces, tomacorrientes e interruptores.

Hemos mencionado que en una vivienda ningún punto, medido horizontalmente a lo largo de la línea del piso, en cualquier espacio de pared, debe estar a más de 1.8 m de un tomacorriente. Esto también es válido para las habitaciones de una residencia. Como se ha destacado antes, lo último implica que la distancia máxima entre tomacorrientes sea de 3.6 m. Es decir, se pueden colocar tomacorrientes a distancias entre sí menores de 3.6 m, lo cual permite jugar un poco con la posible ubicación de las camas y otros muebles propios de los dormitorios. A fin de evitar remodelaciones futuras en las instalaciones eléctricas de las habitaciones, es conveniente distribuir los tomacorrientes en forma tal que los mismos no queden escondidos detrás de las camas cuando, por cualquier circunstancia, se varíe su posición.

Entre las consideraciones a tener en cuenta en el diseño de la instalación eléctrica en un dormitorio, podemos mencionar las siguientes:

1. Es conveniente instalar interruptores de tres vías para encender o apagar la lámpara de alumbrado general desde la entrada del cuarto y desde la cama.

2. Se debe prever un tomacorriente para conectar el televisor y cualquier equipo de reproducción de video.

3. Estudiar la posibilidad de iluminar el interior de los armarios.

4. Prever la salida para un acondicionador de aire de ventana o tipo *split*.

5. Prever la salida de un ventilador de techo.

6. Estudiar el uso de interruptores para fallas por arco (AFCI).

7. Incluir dentro de la habitación interruptores para controlar luces externas de alumbrado de la vivienda, con el fin de mejorar su seguridad.

8. Es conveniente, aunque no obligatorio, usar tomacorrientes de fase partida para asegurar la continuidad del servicio en caso de falla de una fase.

En la **Fig. 118** se muestra un dormitorio y las alternativas de ubicación de la cama matrimonial en dos posiciones diferentes.

En el primer caso, la cama se pega a la pared opuesta al baño y podríamos pensar en las siguientes opciones en cuanto a la colocación de los tomacorrientes: 1) el T/C para conectar un televisor podría colocarse en la pared del baño; 2) la salida del equipo de aire acondicionado de ventana, o la consola de una unidad tipo *split*, se podría colocar al lado de la ventana.

En el segundo caso, la cama matrimonial se coloca delante de la ventana y tendríamos estas opciones: 1) el tomacorriente para el televisor se podría colocar en el armario, para lo cual el diseño de este debe ser apropiado; 2) la salida para el equipo de aire acondicionado de ventana, o la consola de una unidad tipo *split*, se podría colocar en la pared que está al lado derecho de la cama.

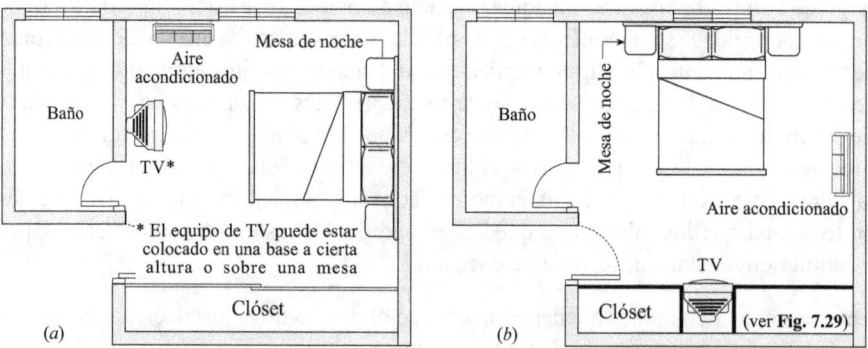

Fig. 118 Distribución espacial en un dormitorio con una cama matrimonial.

En ambos casos se deben colocar tomacorrientes a los lados de la cama matrimonial para poder conectar, cómodamente, lámparas de iluminación en las mesas de noche.

Si en lugar de una cama matrimonial se utilizan dos camas individuales, la **Fig. 119** muestra dos posibilidades de ubicación. Se observa, en este caso, que se podría usar un solo tomacorriente para alimentar a las dos mesas de noche. Las salidas para el acondicionador de aire y para el televisor se mantienen en la misma ubicación de la **Fig. 118**.

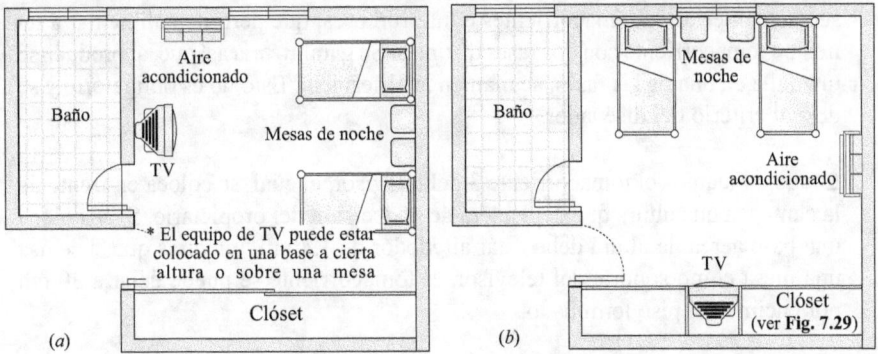

Fig. 119 Distribución espacial en un dormitorio con dos camas individuales.

Con base en las distribuciones espaciales mostradas en las figuras anteriores, procederemos a colocar los tomacorrientes en el dormitorio de la **Fig. 118**. Esto da origen a la **Fig. 120**, donde se han contemplado las dos alternativas ya descritas. Para empezar a colocar los tomacorrientes se tienen dos posibilidades: *a*) Se arranca desde la puerta de entrada y, a partir de allí, se les ubica, siguiendo las reglas estudiadas, ciñéndose a la regla de que la distancia entre los mismos no sea mayor de 3.6 m entre dos tomacorrientes. *b*) Se ubican los tomacorrientes teniendo en cuenta la probable distribución de los muebles y equipos, y, posteriormente, se aplica la normativa establecida a fin de hacer las correcciones necesarias cuando no se cumpla con lo allí exigido. Se adoptará como criterio de diseño la segunda opción y analizaremos los dos casos a continuación.

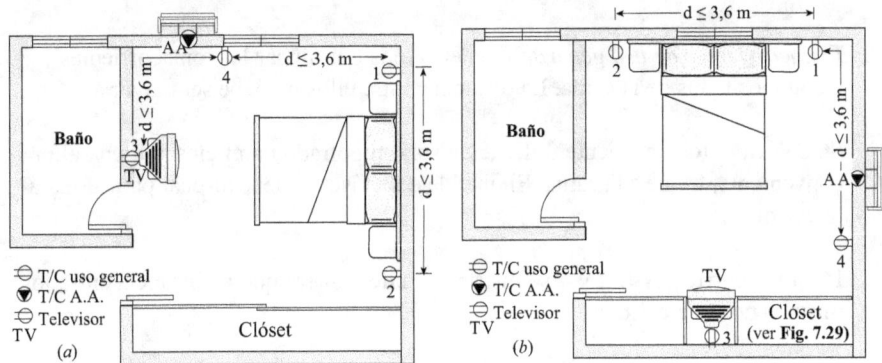

Fig. 120 Distribución de los tomacorrientes en el dormitorio de la **Fig. 118**.

Para la **Fig. 120**(*a*), se seguirán los siguientes pasos:

1. *Tomacorrientes de uso general*: Comenzamos por ubicar los tomacorrientes 1 y 2, de uso general, a ambos lados de la cama matrimonial, teniendo en cuenta que

la distancia entre los mismos no debe ser mayor de 3.6 m. Los tomacorrientes se colocan a una altura de 30 cm sobre el piso terminado. Estos tomacorrientes se pueden usar tanto para las lámparas de las mesas de noche como para conectar en el dormitorio cualquier artefacto: una afeitadora eléctrica, una aspiradora, etc. Los tomacorrientes de uso general podrían ser de fase partida, mencionados en la sección anterior de tomacorrientes e interruptores, que permiten alimentar a un mismo tomacorriente con dos fases distintas. Se garantizaría así que, al producirse una falla en una de las fases, se mantenga el servicio. Esto no es obligatorio y se deja al criterio del diseñador.

Luego, ubicamos el tomacorriente 3 del televisor, el cual se coloca en frente de la cama y a una altura que dependerá de la decisión del propietario. Si se coloca una base aérea, la altura debe estar alrededor de 1.70 m, mientras que si se usa una mesa como soporte del televisor, el tomacorriente se puede dejar a 30 cm por encima del piso terminado.

El tomacorriente 4 se coloca a una distancia menor o igual a 3.6 m del tomacorriente 1. Los espacios correspondientes a la puerta de entrada y al clóset no se toman en cuenta a los efectos de la medición de estas distancias. De acuerdo con esto último, los tomacorrientes 1 y 4 deberían tener entre sí una distancia inferior a 3.6 m.

2. *Tomacorriente individual*: AA simboliza la salida para el aire acondicionado. Su altura sobre el piso terminado es de aproximadamente 2 m. Si se trata de un acondicionador de aire de ventana, este tomacorriente puede ser de 120 V, 220 o 240 V. Si se trata de una consola (evaporador), el voltaje del tomacorriente es, por lo general, de 208 o 240 V.

Para la **Fig. 120**(*b*), los pasos son estos:

1. *Tomacorrientes de uso general*: Comenzamos por ubicar los tomacorrientes 1 y 2 a ambos lados de la cama. La distancia entre ellos no debe ser mayor a 3.6 m.

Se coloca el tomacorriente 3 del televisor, empotrado en el clóset, a una altura conveniente, frente a la cama. El mueble del clóset se debe diseñar para alojar al televisor.

Los tomacorrientes 1, 2 y 4 se distribuirán de manera que la distancia entre los mismos no supere 3.6 m.

2. *Tomacorriente individual*: Se ubica el tomacorriente AA del acondicionador de aire a una altura conveniente y de un voltaje adecuado al equipo seleccionado.

En el caso de la **Fig. 119**, el dormitorio es ocupado por dos camas individuales, dando lugar a las distribuciones eléctricas de la **Fig. 121** (ver siguiente página). Para la **Fig. 121**(*a*), seguimos los siguientes pasos:

1. *Tomacorrientes de uso general*: Se coloca el tomacorriente 1 entre las dos mesitas de noche, lo cual garantiza que las camas individuales sean servidas por esa salida.

   A partir del tomacorriente 1, se colocan las salidas 2 y 3 a distancias d ≤ 3.6 m.

   El tomacorriente 4 del televisor se pone en frente de las dos camas y su posición por encima del piso sigue lo ya mencionado.

2. *Tomacorriente individual*: La salida para el acondicionador de aire (tomacorriente AA) se coloca como se ha descrito.

La distribución de tomacorrientes en la **Fig. 121**(*b*) sigue los mismos criterios esbozados para los casos anteriores. Para estos dos últimos casos, se utilizan tomacorrientes de fase partida.

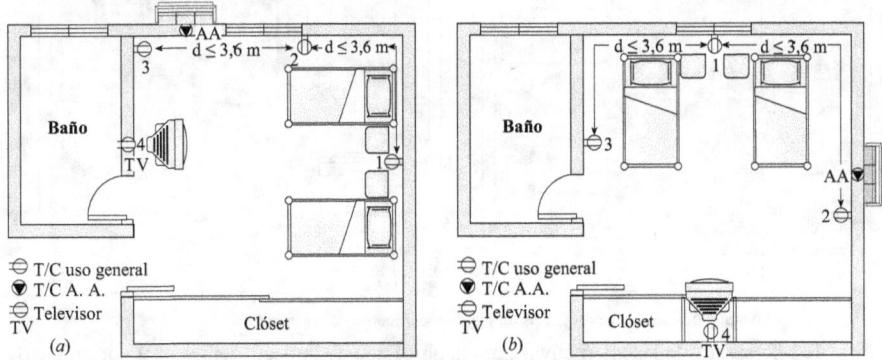

Fig. 121 Distribución de los tomacorrientes en el dormitorio de la **Fig. 119**.

Se debe enfatizar, nuevamente, la conveniencia de conversar con el arquitecto y el propietario de la residencia para decidir, definitivamente, sobre la ubicación final de las salidas eléctricas.

La **Fig. 122** resume las cuatro alternativas presentadas anteriormente y que establecen la ubicación de los tomacorrientes de una habitación en el caso de camas matrimoniales o individuales. En el diseño de la instalación eléctrica de los dormitorios se debe recordar lo establecido en cuanto a la protección de los circuitos ramales que alimentan a las habitaciones. Allí se establece que, por motivos de seguridad, todos estos circuitos ramales se deben proteger con interruptores contra fallas de arco (AFCI).

Prestemos atención al alumbrado de los dormitorios, para lo cual continuaremos usando la habitación mostrada en las figuras anteriores. En relación con el mismo, señalamos los siguientes aspectos:

1. Por lo menos se debe instalar, para iluminación en los dormitorios, una salida controlada por su interruptor. Por conveniencia, la lámpara del dormitorio, que puede ser de techo o de pared*, según se haya conversado con el arquitecto y el propietario de la obra, se puede controlar mediante interruptores de tres vías,

---

* Si el techo es de plataforma, generalmente la luminaria se instala en el centro de la habitación; si es de madera, las luminarias son, generalmente, apliques de pared.

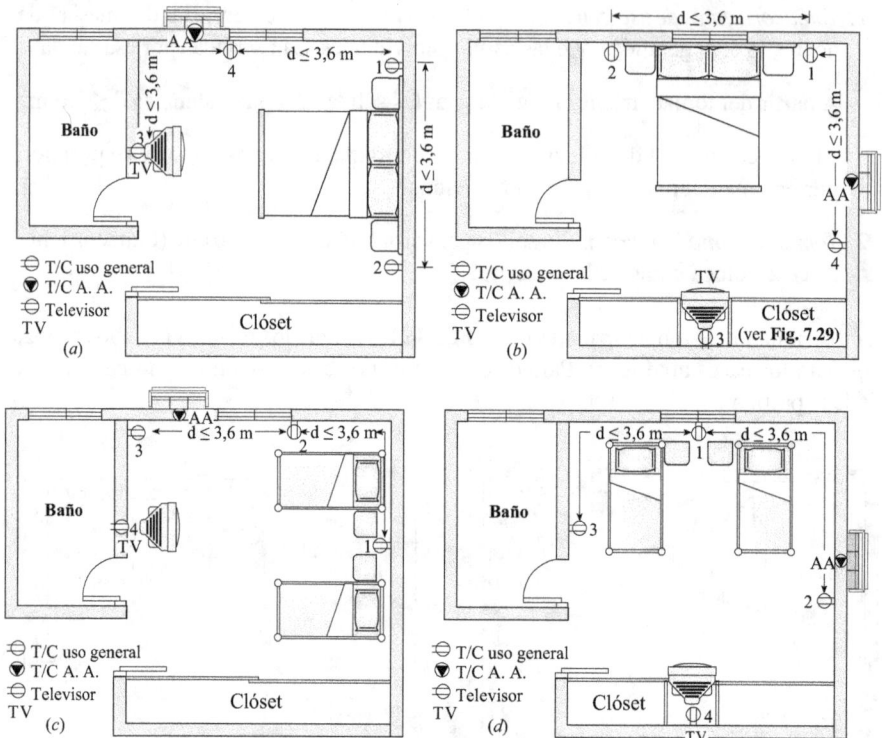

Nota: El tomacorriente del televisor es un tomacorriente de uso general.

Fig. 122 Resumen de las alternativas para la ubicación de tomacorrientes en un dormitorio con camas matrimoniales o individuales.

desde la entrada de la habitación y desde un punto cercano a la cama matrimonial o entre las dos camas individuales. Así, la persona, una vez que se ha acostado, puede apagar la lámpara desde su sitio de reposo. Igualmente, cuando alguien entra, puede encender la lámpara de la habitación.

2. Para mejorar la seguridad de la vivienda, dentro de la habitación principal se debe tener un interruptor que controle el alumbrado externo de la residencia. Cuando se sospeche la presencia de extraños en los predios residenciales, sería posible, encendiendo las luces externas, disuadirlos en cuanto a su intrusión en los mismos.

3. Podría ser importante que los clósets dentro de la habitación sean iluminados para facilitar la selección de la ropa por parte del usuario. Esto requiere cumplir con los requisitos establecidos al respecto, los cuales parten de la definición de lo que es área o espacio de almacenamiento de un clóset, con el propósito de ubicar las luminarias en el interior del mismo. El espacio de almacenamiento contiene ropa, zapatos y otros artículos de vestir, y se determina según lo ilustrado en la **Fig. 123**. En la parte inferior del clóset, el espacio de almacenamiento mide 60 cm de ancho a partir de la pared interior del mismo y 1.80 m de alto a la altura del tubo donde se cuelga la ropa. En los gabinetes de arriba, el espacio de almacenamiento tiene un mínimo de 30 cm de ancho o el ancho real del gabinete si este sobrepasa 30 cm.

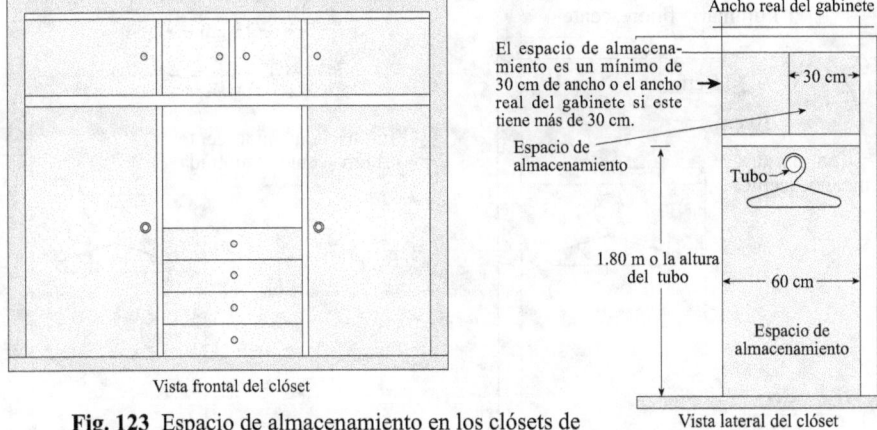

Fig. 123 Espacio de almacenamiento en los clósets de ropa, según lo establecido por las normas eléctricas.

En el clóset no se permite la instalación de luminarias incandescentes con bombillos parcial o completamente expuestos, pegados a las superficies del techo o de la pared, o colgando de las mismas (ver **Fig. 124**).

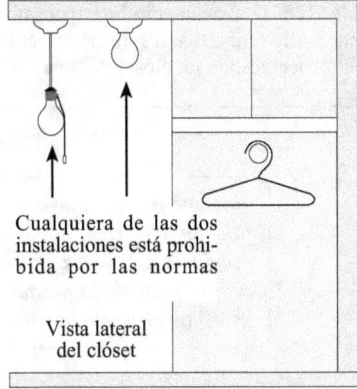

Fig. 124 Violaciones a las normas en cuanto a colocación de luminarias incandescentes expuestas o colgantes.

Se permite la instalación de luminarias en los clósets según los siguientes criterios:

- Luminarias incandescentes, montadas superficialmente en el techo o en la pared, siempre y cuando exista un espacio mínimo de 30 cm entre la luminaria y el espacio de almacenamiento (ver **Fig. 125**).

- Luminarias fluorescentes, montadas superficialmente en el techo o en la pared, siempre y cuando se deje un espacio mínimo de 15 cm entre la luminaria y el espacio de almacenamiento (ver **Fig. 125**).

- Luminarias incandescentes empotradas en el techo o en la pared, con una lámpara completamente encerrada, siempre y cuando haya un espacio mínimo de 15 cm entre la luminaria y el espacio de almacenamiento (ver **Fig. 126**).

- Luminarias fluorescentes empotradas en el techo o en la pared, con una lámpara completamente encerrada, siempre y cuando haya un espacio mínimo de 15 cm entre la luminaria y el espacio de almacenamiento (ver **Fig. 126**).

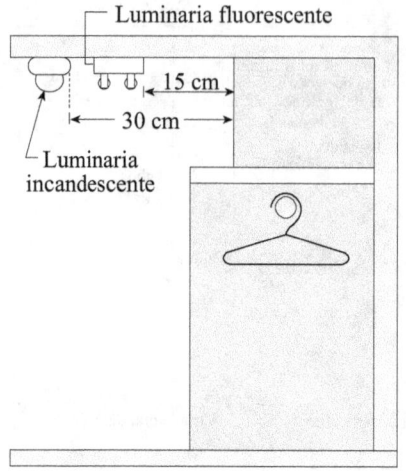

Vista lateral del clóset

Fig. 125 Distancias mínimas para ubicar luminarias superficiales, incandescentes o fluorescentes, en un clóset de ropa.

Vista lateral del clóset

Fig. 126 Distancias mínimas para ubicar luminarias empotradas, incandescentes o fluorescentes, en un clóset de ropa.

Hay que reiterar que en el diseño final de una instalación eléctrica es muy importante intercambiar opiniones con el arquitecto de la edificación y los propietarios de la misma. De esta manera, se logrará un proyecto óptimo de ingeniería.

En los planos correspondientes al diseño eléctrico se utilizan con frecuencia una variedad de símbolos, indicativos de los distintos elementos que conformarán la instalación eléctrica. Entre esos símbolos están los que se muestran a continuación:

S	Interruptor sencillo		Ventilador + luminaria
S_3	Interruptor de tres vías	————	Tubería en techo o pared
	Salida para luminaria	- - - - - -	Tubería empotrada en piso

A medida que avancemos en el diseño de las instalaciones eléctricas residenciales, añadiremos otros símbolos eléctricos.

Tomemos como modelo de distribución del mobiliario el presentado en la **Fig. 127**, en el cual la cama matrimonial o las camas individuales aparecen colocadas delante de la pared donde se encuentra la ventana.

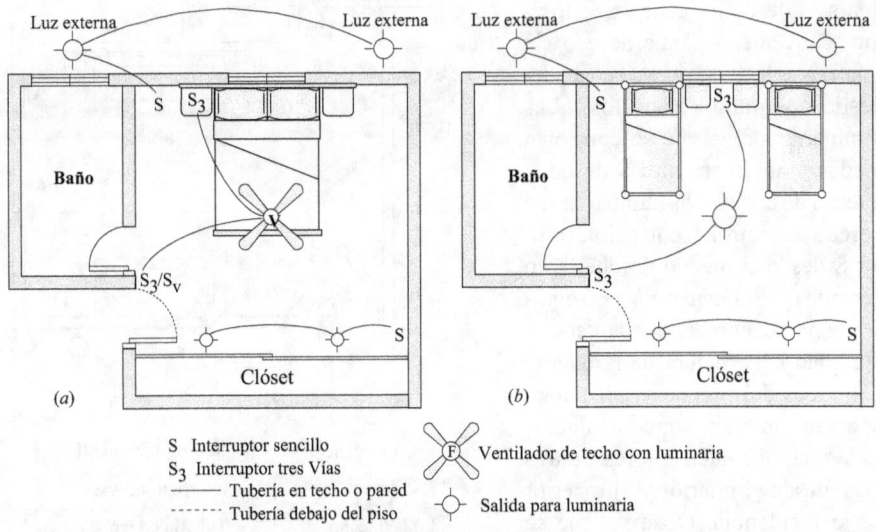

S   Interruptor sencillo
S₃ Interruptor tres Vías
————— Tubería en techo o pared
------- Tubería debajo del piso

Ventilador de techo con luminaria

Salida para luminaria

Fig. 127 Iluminación y control de luminarias en un dormitorio.

Veamos los detalles de la disposición de luminarias y sus interruptores en el dormitorio:

Figura 127(*a*): Se coloca un ventilador con luminaria en el centro de la habitación, con un control (interruptor S) del ventilador en la entrada del cuarto (también se podría colocar el interruptor sencillo al lado de la cama). La luminaria incorporada al ventilador se controla desde la puerta de entrada, y desde la cama, mediante los dos interruptores S_3, de tres vías.

Las dos luces externas se controlan desde el interior de la habitación mediante el interruptor sencillo S.

Las luminarias, colocadas delante de las puertas del clóset y siguiendo las normas ya estudiadas con respecto a su ubicación, se controlan con un interruptor sencillo S colocado en la pared del cuarto. También es posible utilizar un interruptor que se active cuando la puerta del clóset se abra.

Figura 127(*b*): En lugar de un ventilador de techo con luminaria incorporada, se utiliza una lámpara de techo (fluorescente o incandescente). Las demás lámparas y sus interruptores están distribuidas de manera similar a la de la **Fig. 127**(*a*).

26. SALIDA ELÉCTRICAS EN LA SALA

La **Fig. 128** muestra la ubicación de tomacorrientes y salidas de las luminarias. Se proponen en la sala cuatro tomacorrientes de propósito general, uno de los cuales se puede usar para el televisor. Asimismo, se deja una salida para la conexión de un acondicionador de aire de ventana o una consola de un equipo tipo *split*.

La sala es iluminada por dos luminarias con salidas en el techo y controladas por interruptores de tres vías, colocados en la puerta de entrada a la casa y en la entrada a la sala desde los cuartos. Esto es muy conveniente para el acceso a la sala, cuyas luces se pueden encender desde dos puntos distintos. Las luminarias del garaje se controlan mediante un interruptor S desde el interior de la sala. Las luminarias del porche se controlan con el interruptor S desde el mismo porche. Esto permite que, al llegar una persona a la puerta de entrada, pueda ver con facilidad la cerradura de la puerta. Las luces del porche y del garaje podrían también ser controladas, cada una, por interruptores de tres vías, desde el interior y el exterior de la residencia. Observa que se han añadido nuevos símbolos en el diagrama del sistema eléctrico.

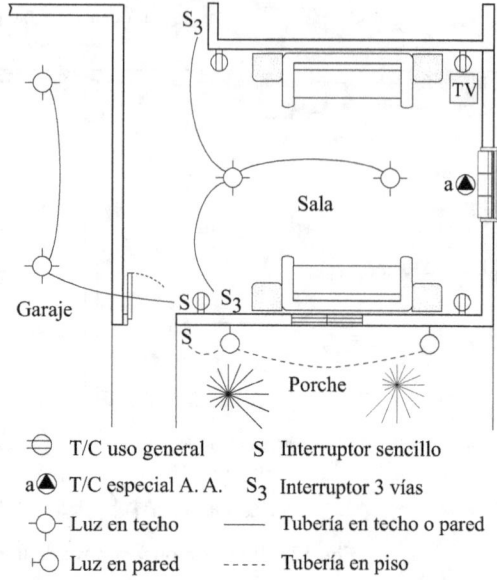

⊖ T/C uso general	S Interruptor sencillo
a▲ T/C especial A. A.	S₃ Interruptor 3 vías
Luz en techo	Tubería en techo o pared
Luz en pared	Tubería en piso

Nota: Uno de los T/C de la sala se usará para el televisor.

Fig. 128 Distribución de luminarias con sus interruptores de control y tomacorrientes en la sala.

27. SALIDAS ELÉCTRICAS EN EL LAVADERO

Es corriente ubicar el lavadero en un espacio donde se efectúen todas las labores de limpieza y planchado de la ropa. Entre los artefactos eléctricos típicos de este ambiente, los cuales utilizan tomacorrientes individuales, encontramos:

- Lavadora
- Secadora
- Plancha
- Calentador de agua

En la **Fig. 129** se muestra una distribución para el área del lavadero. Se utiliza una luminaria en el centro del área, controlada por un interruptor a la entrada. Se instalan tomacorrientes individuales para conectar la plancha, el calentador de agua, la lavadora y la secadora. Dos tomacorrientes de uso general se utilizan para cualquier artefacto que se desee conectar en el lavadero, uno detrás de la puerta y otro en la mitad de la pared posterior. Su ubicación minimiza la posibilidad de que, si se colocan muebles en este ambiente, queden detrás de los mismos. Las siguientes disposiciones se refieren al lavadero:

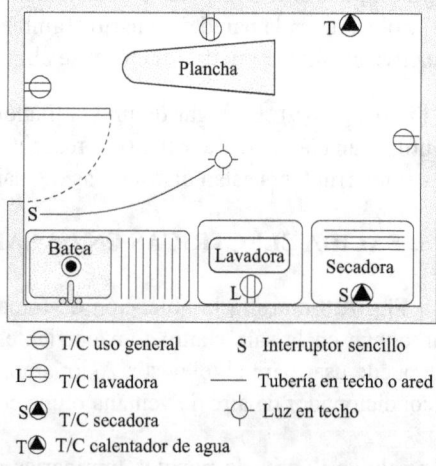

⊖ T/C uso general	S Interruptor sencillo
L⊖ T/C lavadora	Tubería en techo o ared
S▲ T/C secadora	Luz en techo
T▲ T/C calentador de agua	

Fig. 129 Luces y tomacorrientes en el lavadero.

1. Al menos un circuito de 20 A debe suministrar energía a los tomacorrientes del lavadero. El mismo no debe conectarse a ningún otro tomacorriente fuera del lavadero.

2. Al menos un tomacorriente debe haber en el área del lavadero. Se exceptúan aquellas viviendas multifamiliares donde hay facilidades para lavar la ropa en el mismo edificio.

3. Los tomacorrientes que alimentan a equipos o artefactos específicos, como los del lavadero (lavadora y secadora a gas, entre otros), se deben instalar a no más de 1.8 m de la posible ubicación de estos artefactos.

4. Los tomacorrientes del lavadero, ubicados a una distancia inferior a 1.8 m del lado externo de la batea, deben ser del tipo GFCI (ver **Fig. 130**).

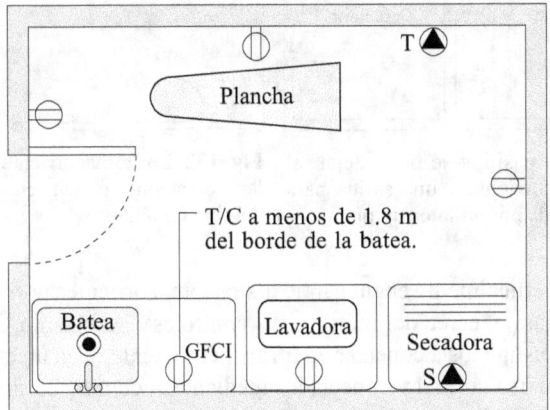

Fig. 130 Los tomacorrientes ubicados a menos de 1.8 m del borde de la batea deben ser del tipo GFCI.

En algunos casos, la lavadora y la secadora son combinadas a fin de ahorrar espacio en el lavadero. En este caso, se debe reservar un tomacorriente individual para el conjunto.

28. SALIDAS ELÉCTRICAS EN PASILLOS

Todo pasillo de longitud mayor o igual a 3 m debe tener al menos un tomacorriente. La longitud del pasillo se refiere a la longitud de la línea central del mismo. Además, se debe instalar, al menos, una salida para luz, controlada por un interruptor. Ver **Fig. 131**.

29. SALIDAS ELÉCTRICAS EN EL GARAJE

Al menos un tomacorriente se debe instalar en el garaje de viviendas unifamiliares. Se requiere que todos los tomacorrientes monofásicos de 15 y 20 amperios, instalados en el garaje, sean del tipo GFCI para la protección del personal (ver **Fig. 132**).

Se exceptúan del requerimiento anterior los tomacorrientes que no sean de fácil acceso, como los que se utilizan para los controles que abren automáticamente las puertas

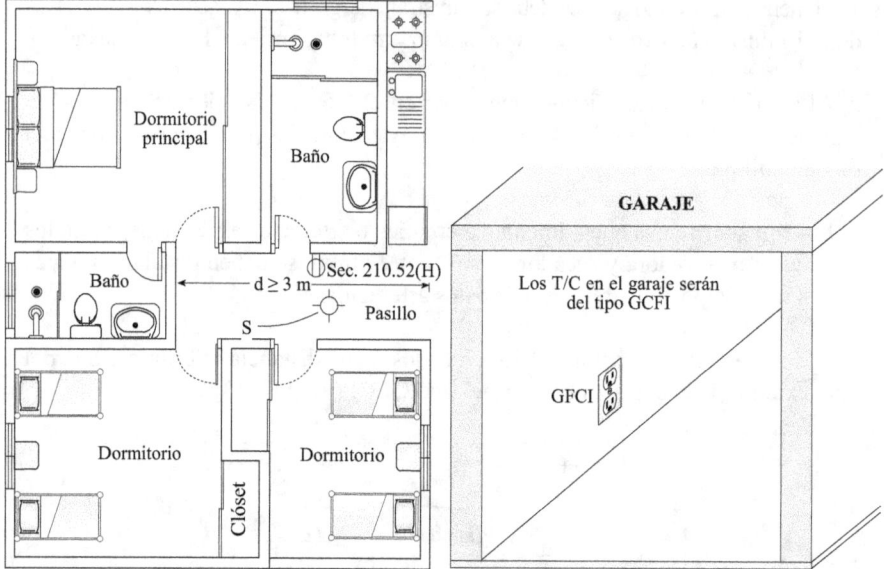

Fig. 131 En los pasillos se debe dejar, al menos, un tomacorriente y una salida para lámpara, controlada por un interruptor.

Fig. 132 Los tomacorrientes en el garaje, con las excepciones citadas en el texto, deben ser del tipo GFCI.

que se deslizan verticalmente en un garaje. Estos tomacorrientes normalmente se fijan en el techo del garaje, cerca del motor y sus controles*. Asimismo, se exceptúan los tomacorrientes destinados a conectar en forma permanente, y en un espacio prefijado, a equipos que, en uso normal y conectados mediante enchufe y cordón, no sean fácilmente movidos de un lugar a otro dentro del garaje, como una nevera, una lavadora o un congelador (ver **Fig. 133**).

Se pueden utilizar tomacorrientes de propósito general (no GFCI) cuando los artefactos eléctricos se colocan en un espacio dedicado a ellos; se conectan mediante enchufe y cordón dentro del garaje y no se pueden mover fácilmente. Los T/C pueden ser sencillos o dobles.

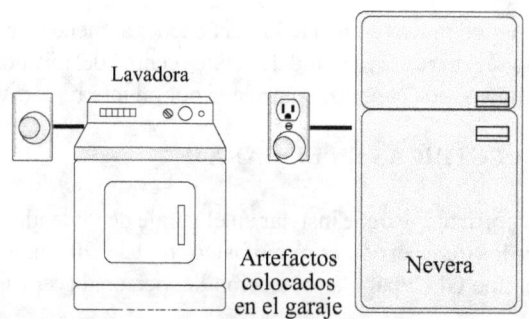

Fig. 133 Uso de tomacorrientes específicos en un garaje.

---

* El **Código Eléctrico Nacional** (EE UU) establece que todos los tomacorrientes en el garaje serán del tipo GFCI.

En cuanto a la iluminación, hay que prestar atención a la colocación del automóvil dentro del garaje. Si es un garaje para un vehículo, se deben dejar dos salidas de iluminación a ambos lados del mismo, a partir del eje central y al final del garaje. Esto garantiza una buena iluminación cerca del capó en caso de que se requiera hacer algún servicio al carro. Las lámparas a colocar pueden ser fluorescentes. De igual manera, es conveniente colocar, en la zona central del garaje, una salida de lámpara que permita iluminarlo en caso normal, cuando no se necesite concentrar la luz sobre el capó.

La **Fig. 134** indica la colocación de tomacorrientes y de las salidas de iluminación en un garaje para un vehículo. Se colocaron dos tomacorrientes al comienzo del garaje y dos al final del mismo. Estos últimos permiten conectar cualquier artefacto eléctrico que se vaya a usar para reparar el carro. El tomacorriente 1 es del tipo GFCI y se debe conectar en cascada a los tomacorrientes 2, 3 y 4. No está previsto el uso de artefactos individuales, como refrigeradores o lavadoras, en el garaje y, por tanto, no se incluyen tomacorrientes para tal fin. Aunque no se muestra en esta figura, es necesario prever la instalación de un sistema para cerrar automáticamente la puerta del garaje. Este sistema puede cerrar la puerta deslizándose verticalmente, en cuyo caso el tomacorriente se puede colocar en el techo y no requiere ser del tipo GFCI, o, también, puede ser horizontal y, de estar el tomacorriente dentro del área del garaje, se debe utilizar un GFCI. Observa que cuando se describió la distribución de los tomacorrientes en una sala (**Fig. 128**), se colocó un interruptor sencillo para controlar las luces del garaje. El nuevo diseño presentado ahora perfecciona al anterior.

Se colocaron dos salidas para lámparas, al final del garaje, para facilitar la visualización del motor del vehículo. Esas salidas son controladas mediante interruptores de tres vías ubicados en el interior de la vivienda y a la entrada del garaje. Asimismo, se dejó

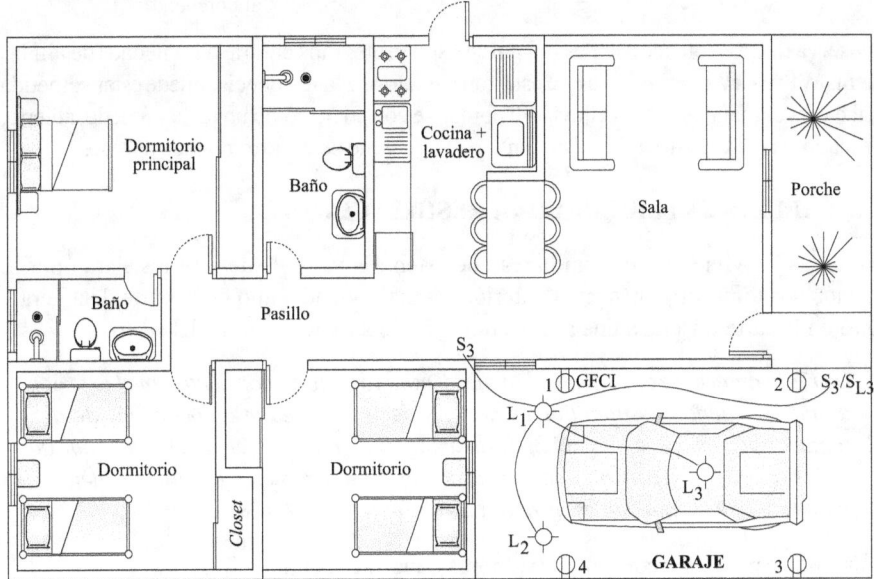

Los T/C 2, 3 y 4 se conectan en cascada al T/C 1, que es del tipo GFCI, por lo que actúa como protección de los primeros.

Fig. 134 Tomacorrientes y salidas de iluminación en un garaje.

una salida para una lámpara (L_3), ubicada cerca del medio del garaje y controlada por un interruptor sencillo, S_{L3}, instalado en el mismo cajetín de S_3. Esta luz proporciona alumbrado general en caso de que no se requiera encender las lámparas L_1 y L_2.

30. SALIDAS ELÉCTRICAS EN EL PORCHE

En el porche se contemplan (ver **Fig. 135**) dos tomacorrientes del tipo GFCI por tratarse de tomacorrientes externos a la casa. Uno de estos tomacorrientes está controlado por un interruptor ubicado en la sala y podría se usado para conectar un árbol navideño o luces decorativas en Navidad.

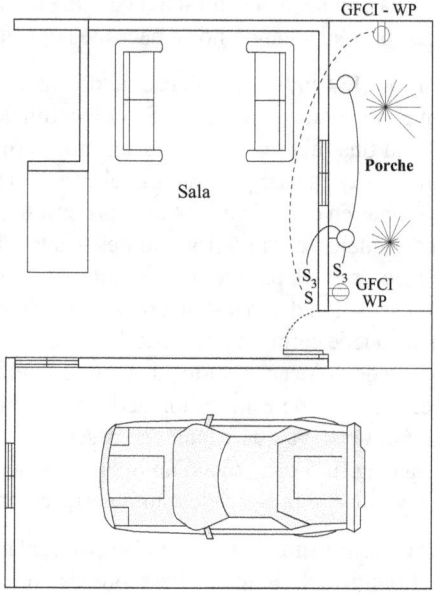

Las lámparas del porche se controlan mediante dos interruptores de tres vías. Esto tiene un doble propósito. Una persona que llega de noche a la residencia puede encender la lámpara con el fin de ver la cerradura de la puerta. Por otro lado, quien está dentro de la casa puede encender la luz del porche para observar lo que sucede fuera de la residencia sin necesidad de abrir la puerta principal.

Fig. 135 Tomacorrientes y salida para luz en el porche.

Observa que los tomacorrientes del porche son protegidos contra la humedad (de allí las letras WP: *weather proof*), ya que esta zona, exterior a la residencia, puede estar sometida a factores climáticos como la lluvia. El porche se considera como un lugar húmedo, abierto, techado y no expuesto a lluvia batiente o al agua que se escurre por sus paredes.

31. SALIDAS EXTERNAS A UNA RESIDENCIA

En todas las viviendas unifamiliares que estén a nivel del suelo se instalarán por lo menos dos tomacorrientes en el exterior de una vivienda, uno en la parte delantera y otro en la parte trasera, a una altura no mayor de 2 m por encima del suelo.

La regla anterior expresa que el número mínimo de tomacorrientes en el exterior de una residencia unifamiliar es dos. Es decir, se pueden colocar más de dos tomacorrientes, cuya ubicación se distribuirá según el criterio del diseñador de la instalación, en consulta con el arquitecto y el propietario de la residencia. Estas salidas no pueden estar a una altura mayor de 2 m sobre el piso.

Las salidas para tomacorrientes exteriores deben ser del tipo GFCI.

No se debe poner a un lado esta última afirmación en una instalación eléctrica residencial, ya que dejar de observarla puede conducir a accidentes fatales. Aun aquellos tomacorrientes que estén a una altura mayor de 2 m (por ejemplo, los que se usan para las luces navideñas o en balcones de una residencia), pero en el exterior de la casa, deben ser del tipo GFCI.

Es importante volver a mencionar lo referente al tipo de tomacorriente y sus accesorios cuando estemos en presencia de lugares húmedos (*damp*) y mojados (*wet*), espacios que por lo general se encuentran en los exteriores de una residencia:

Lugares húmedos: Un tomacorriente instalado en el exterior de una residencia, protegido de la intemperie o en otro lugar húmedo, debe tener una cubierta a prueba de intemperie cuando el tomacorriente esté tapado (sin enchufe insertado y con la tapa cerrada).

Se considerará que un tomacorriente está protegido contra la intemperie cuando esté colocado bajo techo en porches abiertos, cúpulas y similares, y no sea expuesto a la lluvia batiente ni al agua que se escurre en las superficies que lo alojan.

De acuerdo con lo anterior, los tomacorrientes colocados bajo techo, en el exterior de una residencia, deben tener una cubierta externa y tapa a prueba de intemperie.

Lugares mojados: Los tomacorrientes de circuitos de 15 y 20 amperios y de 125 voltios y 250 voltios deben tener cubiertas a prueba de intemperie, ya sea que el enchufe del equipo esté conectado o no lo esté.

Todos los demás tomacorrientes instalados en lugares mojados deben cumplir con lo siguiente:

(*a*) Un tomacorriente instalado en un lugar mojado, donde el artefacto a conectar no esté vigilado mientras se usa, deberá tener una cubierta a prueba de intemperie con el enchufe insertado o no.

(*b*) Un tomacorriente instalado en un lugar mojado, donde el artefacto a conectar esté vigilado mientras se usa (por ejemplo, herramientas portátiles), deberá tener una cubierta a prueba de intemperie cuando el enchufe no esté conectado.

Los tomacorrientes citados antes como no vigilados incluyen, entre otros, a los que se usan para conectar las luces de Navidad, las bombas de agua y algunos de los motores para abrir los portones de los garajes.

El diseño de la instalación eléctrica en los exteriores de una residencia requiere un estudio minucioso de los posibles artefactos a conectar. La existencia de distintos ambientes y posibilidades fuera del interior de una vivienda crea diversas alternativas de diseño. De allí la necesidad de explorar todas las posibilidades de confort, en estrecha colaboración con el responsable del proyecto arquitectónico y el propietario. Las viviendas más sofisticadas constan, entre otros, de espacios como piscinas, postes de alumbrado, parrilleras, churuatas y reflectores, que necesitan las salidas eléctricas apropiadas. Además, las salidas eléctricas de algunos acondicionadores de aire se colocan en los exteriores de las casas.

De lo anterior se deduce que los tomacorrientes externos, sujetos a la
inclemencia de factores ambientales, no
solo tienen que ser del tipo GFCI, sino
que requieren estar protegidos contra la
penetración de agua en su interior. En
la **Fig. 136** se muestra el ensamblaje
típico para un tomacorriente colocado
en las afueras de una vivienda, así como
se muestran las profundidades a que se
deben enterrar los tomacorrientes.

Se observa, en la figura anterior, que
se utilizan dos tubos para sostener el
tomacorriente: uno de ellos aloja internamente al cable UF, mientras que el
otro está vacío y solo le da estabilidad
a la estructura. Se recuerda que el cable
UF es resistente a la humedad y al calor
y se puede enterrar directamente en el
suelo. Es retardante a la llama y puede
exponerse directamente al sol.

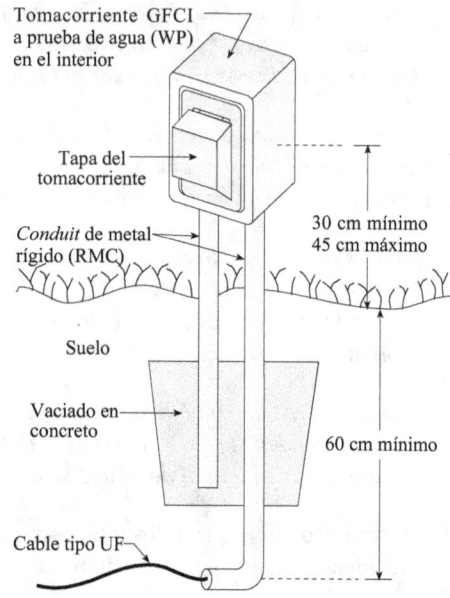

Fig. 136 Estructura para montar sobre el
suelo un tomacorriente en el exterior de una
vivienda.

Se observa, en la figura anterior, que se utilizan dos tubos para sostener el tomacorriente:
uno de ellos aloja internamente al cable UF, mientras que el otro está vacío y solo le
da estabilidad a la estructura. Se recuerda que el cable UF es resistente a la humedad y
al calor y se puede enterrar directamente en el suelo. Es retardante a la llama y puede
exponerse directamente al sol.

Veamos algunos aspectos de la iluminación externa. La iluminación, aparte de proveer
seguridad durante las horas nocturnas, se convierte en un importante factor de decoración
en patios y jardines. Ya discutimos la ubicación de las luminarias en el porche, que es
también un área externa. Otras áreas externas se han de estudiar individualmente para
decidir las salidas para las luminarias.

La iluminación externa, sobre todo en jardines expuestos a la intemperie, a merced
del agua y otros agentes deteriorantes, requiere el uso de luminarias apropiadas para
tales ambientes, las cuales deben estar fabricadas y autorizadas para lugares que, bajo
las condiciones de lluvia, nieve o riego, no permitan la penetración de agua en su
interior. Igualmente, los interruptores para controlar las luces externas, si se colocan a
la intemperie, deben ser del tipo resistente a la misma (WP).

Para iluminación exterior de propósito general, los reflectores (R) o reflectores parabó-
licos aluminizados (PAR) son lámparas apropiadas que vienen en conjuntos de una a
tres unidades. En particular, los últimos no son afectados por factores climáticos. Los
sockets de estas lámparas deben ser a prueba de agua. Es común, también, usar postes
de iluminación colocados en forma conveniente.

En el caso de luces decorativas, se encuentran en el mercado lámparas para 120 V y unidades de bajo voltaje de 12 V. Si se decide colocar una instalación de bajo voltaje, se necesita un transformador reductor de 120 V a 12 V, que se coloca en la pared externa de la vivienda (ver **Fig. 137**).

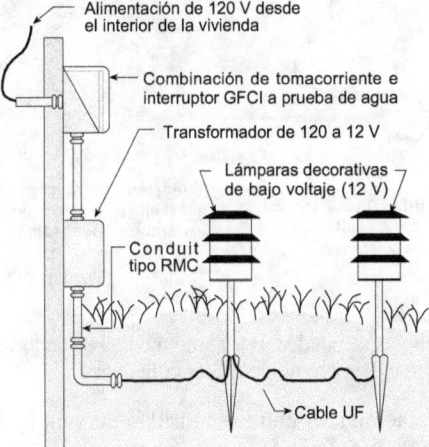

Fig. 137 Alumbrado exterior de bajo voltaje.

La **Tabla 5** especifica las profundidades mínimas a que se deben enterrar los cables o tubos utilizados en patios y jardines en lo que concierne a una residencia.

Tipo de instalación	Columna 1 Tubo RMC o IMC	Columna 2 Conductores o cables directamente enterrados	Columna 3 Canalizaciones no metálicas aprobadas para ser directamente enterradas sin estar embutidas en concreto.	Columna 4 Circuitos ramales residenciales de 120 V o menos con protección GFCI y máxima protección contra sobrecorriente de 20 A.	Columna 5 Circuitos para control de irrigación e iluminación limitados a no más de 30 V e instalados con cable UF o con otro tipo de cable o canalización.
Canalizaciones eléctricas no colocadas en zanjas.	60 cm	15 cm	45 cm	30 cm	30 cm
Canalizaciones en zanjas debajo de una capa de concreto de 50 mm de espesor.	45 cm	15 cm	30 cm	5 cm	5 cm

Tabla 5 Profundidades mínimas a las cuales se deben enterrar los cables o los tubos usados en patios y jardines.

Es permisible el uso de árboles como medios de soporte de las luminarias externas Sin embargo, se prohíbe el uso de árboles como soportes de conductores colgantes. Las dos situaciones se ilustran en la **Fig. 138**.

A partir de lo tratado hasta ahora en esta sección, concluimos que el diseño de las instalaciones eléctricas externas a una vivienda requiere una planificación cuidadosa, la

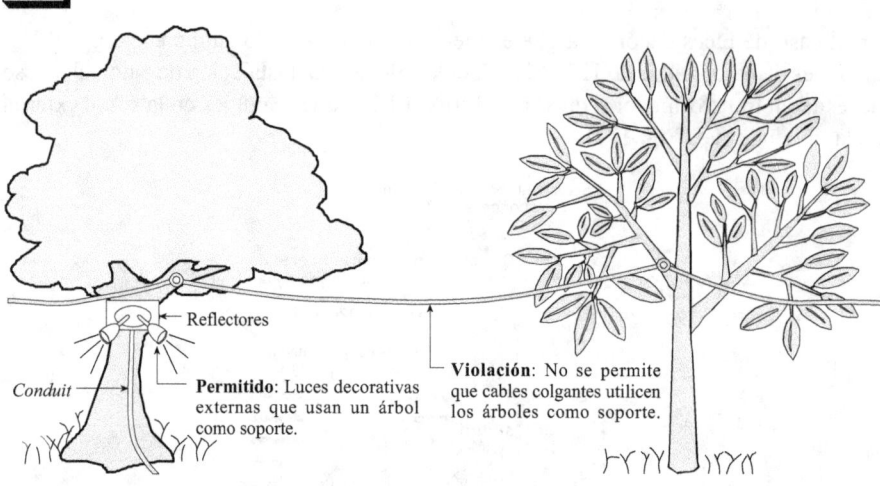

Reflectores

Conduit

Permitido: Luces decorativas externas que usan un árbol como soporte.

Violación: No se permite que cables colgantes utilicen los árboles como soporte.

Fig. 138 Los árboles se pueden usar como medios de soporte de luminarias, pero no de cables colgantes.

cual incluye factores relacionados con la seguridad personal y la seguridad eléctrica, con la necesidad de ubicar tomacorrientes en lugares apropiados y con el embellecimiento de jardines, caminerías y espacios de esparcimiento dentro de los límites de la propiedad.

Las normas utilizadas en este libro se atienen a los códigos eléctricos de muchos países latinoamericanos. Los conceptos estudiados son, en general, aplicables a la mayoría de las naciones. Aunque pueda haber algunas variantes con respecto a lo tratado en este libro, según normas específicas de diferentes regiones, mucho de lo estudiado se puede adaptar a otras normativas eléctricas.

Como ejemplo de la distribución de salidas eléctricas en los exteriores de una residencia, presentamos la **Fig. 139** (ver página siguiente). Se trata de una vivienda unifamiliar aislada, de tres habitaciones y dos baños, cocina y sala-comedor. Externamente, tiene un porche techado en el frente, con dos pequeñas zonas de jardín y un patio trasero, donde están colocados los compresores que suministran aire acondicionado a la sala y a las habitaciones. La vivienda está cercada con paredes de bloque y las áreas laterales son abiertas, y cada una de ellas se puede usar como garaje o como lugar de esparcimiento. Analicemos las partes anterior, laterales y posterior de la instalación eléctrica exterior.

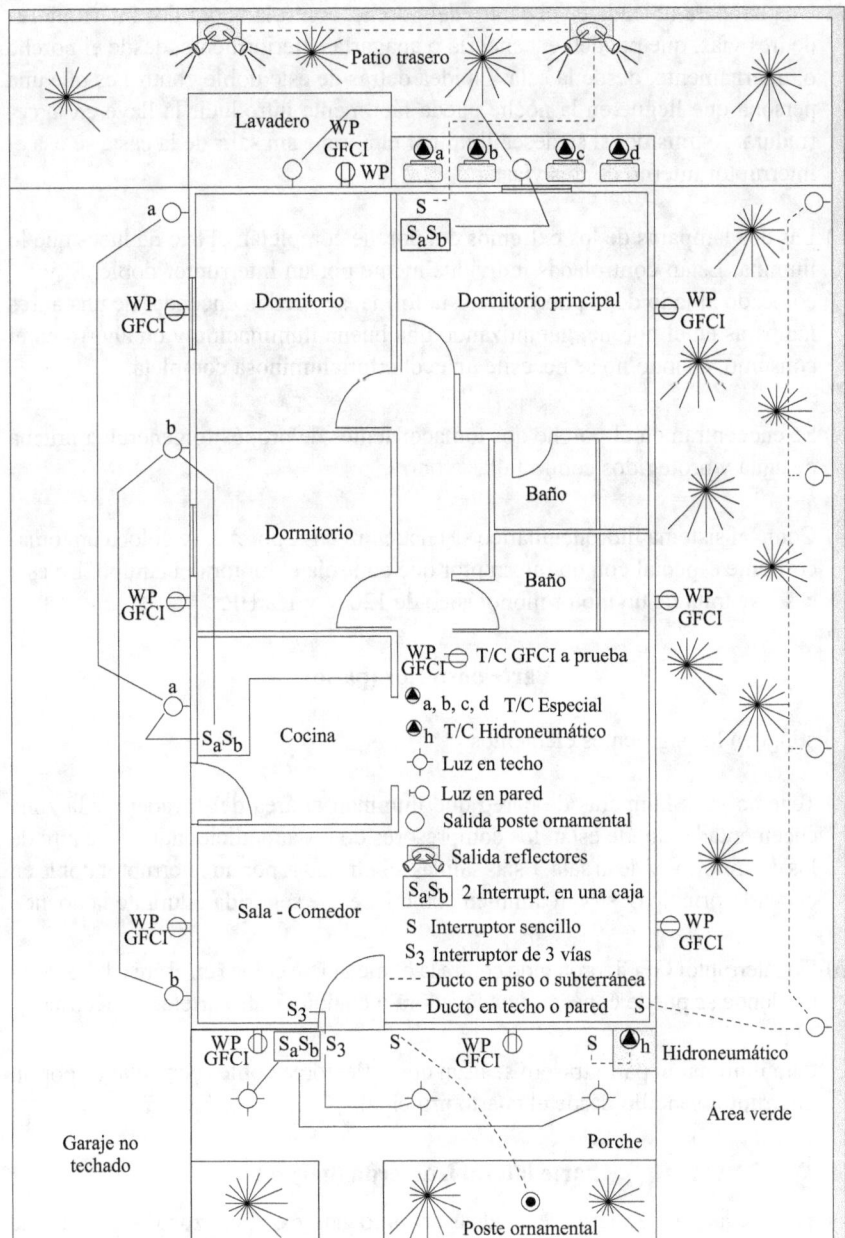

Fig. 139 Distribución de salidas para luces y tomacorrientes en el exterior de una residencia.

Parte anterior (porche)

Tenemos los siguientes elementos:

a) Un poste ornamental, colocado en el jardín y controlado por un interruptor S que se ubica al lado de la puerta de entrada.

b) Una lámpara ubicada en el centro del porche, controlada por dos interruptores de tres vías, que pueden encenderla o apagarla exteriormente, desde el porche o, internamente, desde la sala. La idea detrás de este doble control es que una persona que llegue en la noche pueda fácilmente introducir la llave en la cerradura. Asimismo, si se desea iluminar el porche sin salir de la casa, se usa el interruptor interno de tres vías.

c) Las dos lámparas de los extremos del porche completan el trío de luces que lo ilumina. Están controladas individualmente por un interruptor doble, S_a y S_b, colocado al lado de la puerta. De esta forma, se pueden encender de una a tres lámparas en el porche, garantizando una buena iluminación y un ahorro en el consumo, cuando no se necesite una cobertura luminosa completa.

d) Se encuentran en el porche dos tomacorrientes de propósito general, a prueba de agua y protegidos contra fallas a tierra.

e) Como el sistema hidroneumático se encuentra en el porche, se coloca un tomacorriente especial con un interruptor que controla el motor del equipo. En este caso, se trata de un motor monofásico de 120 V y 1/2 HP.

Parte posterior (patio)

Se distinguen los siguientes elementos:

a) Tenemos dos lámparas de pared que iluminan el área del lavadero y la zona encementada, donde están los compresores de los acondicionadores de aire de los dormitorios y de la sala. Estas salidas, controladas por un interruptor doble en el cuarto principal, sirven también como luces de seguridad durante la noche.

b) Un interruptor GFCI, protegido contra la humedad, se coloca en el área del lavadero, donde se puede conectar una lavadora o cualquier otro artefacto eléctrico.

c) Para iluminar el patio trasero se usan dos reflectores dobles controlados por un interruptor sencillo desde el cuarto principal.

Parte lateral izquierda (garaje)

La superficie lateral izquierda se puede usar como garaje o como zona de esparcimiento; de allí que sea necesario colocar suficiente iluminación y los tomacorrientes que permitan conectar equipos de sonido y artefactos eléctricos:

a) Se cuenta con cuatro luminarias externas de pared, controladas, en grupos de dos, por un interruptor doble colocado en la cocina. Esto permite ahorrar energía, al tenerse la opción de no encender todas las lámparas a la vez.

b) Tres tomacorrientes GFCI, a prueba de agua, se ubican a lo largo del garaje.

Parte lateral derecha (área verde)

La superficie lateral derecha se puede usar como garaje o como zona verde. Los elementos eléctricos que se destacan son:

a) Cuatro lámparas de pared iluminan la zona a lo largo de la misma. Estas luces se controlan desde la sala. Se pueden apagar todas a la vez o se puede usar un interruptor doble para controlarlas en pares.

b) Tres tomacorrientes GFCI a prueba de agua se colocan para suministrar energía a cualquier artefacto eléctrico que se desee conectar en ese espacio.

32. SALIDAS ELÉCTRICAS EN ESCALERAS

En los dos niveles que están unidos por una escalera se deben colocar interruptores para controlar la iluminación de la misma. Aquí desempeñan un papel importante los interruptores de tres vías, que permitirán apagar o encender la lámpara desde los niveles inferior y superior de la escalera, tal como se muestra en la **Fig. 140**.

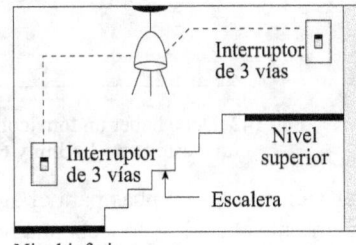

Fig. 140 Alumbrado en escaleras.

33. SALIDAS ALREDEDOR DE CUERPOS DE AGUA

Los alrededores de cuerpos de agua, como piscinas, fuentes de agua y *jacuzzis*, son lugares particularmente sensibles a los accidentes eléctricos, pues combinan la corriente eléctrica con la humedad y la ausencia de calzado como parte de la vestimenta usual del ser humano. Se han establecido severas limitaciones en cuanto a tomacorrientes y alumbrado alrededor de piscinas, fuentes de agua y otras instalaciones similares. Ningún tomacorriente de propósito general debe estar dentro de una distancia de 1.83 m de la pared interna de una piscina, fuente de agua o *jacuzzi*. Esto evita que se conecte cualquier artefacto eléctrico al tomacorriente y a una distancia muy cerca del agua, y, de esta manera, se disminuyen los riesgos de accidentes eléctricos. Ver la **Fig. 141**.

Fig. 141 Ningún tomacorriente de propósito general debe estar dentro de una distancia de 1.83 m respecto a la pared interna de una piscina o fuente de agua.

Asimismo, las normas obligan a que en una vivienda se coloque, al menos, un tomacorriente para 15 o 20 A y 125 V, a una distancia entre 1.83 m y 6 m de la pared interna de una piscina permanentemente instalada, tal como lo muestra la **Fig. 142**. Dichos tomacorrientes no deben tener una altura superior a 2 m por encima del nivel del piso.

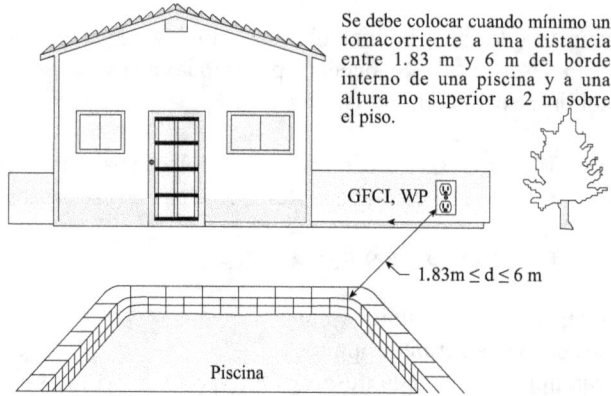

Se debe colocar cuando mínimo un tomacorriente a una distancia entre 1.83 m y 6 m del borde interno de una piscina y a una altura no superior a 2 m sobre el piso.

GFCI, WP

$1.83m \leq d \leq 6\ m$

Piscina

Fig. 142 Debe haber un tomacorriente cercano a la piscina, a una distancia que esté entre 1.83 m y 6 m del borde interno de la misma.

En relación con las bombas para el agua usadas en las piscinas, se establece que el tomacorriente al cual se conecta una bomba estará a una distancia mínima de 3 m de la pared interna de la piscina. Se permite colocar este tomacorriente a una distancia no menor de 1.83 m si cumple con las siguientes condiciones: (1) El tomacorriente es sencillo. (2) Es del tipo de cerradura (*locking*). (3) Se puede conectar a tierra. (4) Tiene protección GFCI. Ver **Fig. 143**.

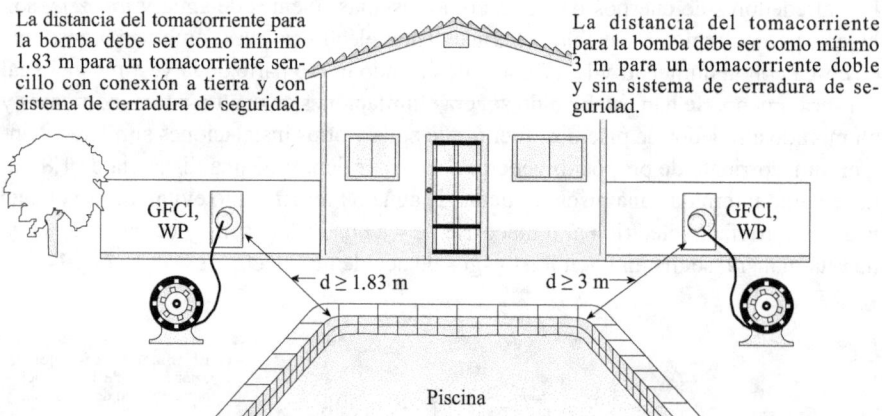

La distancia del tomacorriente para la bomba debe ser como mínimo 1.83 m para un tomacorriente sencillo con conexión a tierra y con sistema de cerradura de seguridad.

La distancia del tomacorriente para la bomba debe ser como mínimo 3 m para un tomacorriente doble y sin sistema de cerradura de seguridad.

GFCI, WP

GFCI, WP

$d \geq 1.83\ m$ $d \geq 3\ m$

Piscina

Fig. 143 Limitaciones de la distancia entre el tomacorriente para la conexión de la bomba de agua y el borde interno de la piscina.

Se permite iluminar las piscinas siempre que se cumplan ciertos requisitos. Los más relevantes en cuanto a piscinas son los siguientes:

1. *Las luminarias encima de piscinas situadas en los exteriores de una residencia se instalarán fuera de un área que se extienda horizontalmente 1.5 m de las paredes* *internas de la piscina y a una altura no inferior a 3.7 m por encima del nivel del agua.* Ver **Fig. 144**.

2. *Los interruptores cercanos a una piscina se ubicarán por lo menos a 1.5 m, medidos horizontalmente desde su pared interna, a menos que estén separados mediante una valla sólida, pared u otra barrera permanente. Se permite la instalación de un interruptor a una distancia menor a la mencionada, siempre que el mismo aparezca como adecuado para este uso.* Ver **Fig. 145**.

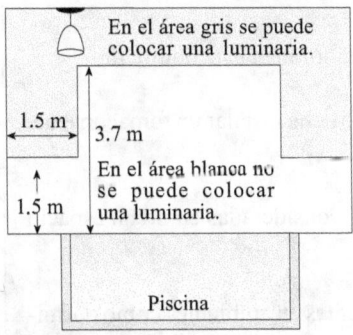

Fig. 144 Delimitación del área donde se puede colocar una luminaria encima de una piscina.

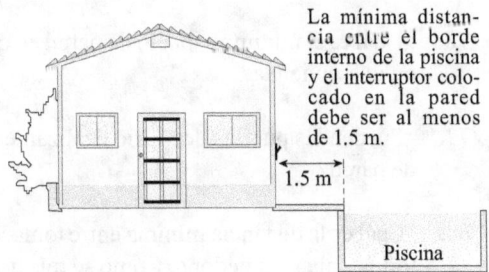

Fig. 145 Delimitación de la distancia entre un interruptor y el borde interno de una piscina.

Piense...
Explique...

70. Explique la conveniencia de discutir con el propietario y el dueño de una vivienda el proyecto eléctrico de la misma.

71. ¿Se discrimina entre viviendas para personas de distintas clases sociales en la reglamentación que rige el diseño de los proyectos eléctricos? Explique por qué son importantes las normas de esta reglamentación cuando se diseña un proyecto eléctrico.

72. Cite las características de un diseño eléctrico adecuado y seguro.

73. Mencione los pasos que se deben seguir para optimizar el diseño de una instalación eléctrica.

74. ¿Por qué es conveniente tratar de colocar dos tomacorrientes enfrentados aun cuando estén ubicados en ambientes distintos (**Fig. 27**)?

75. Explique por qué es ventajoso colocar uno de los tomacorrientes de un ambiente debajo del interruptor que controla la luz en el interior del mismo.

76. ¿Puede colocarse el interruptor de la luminaria de un dormitorio detrás de su puerta de entrada? ¿Es esto conveniente?

77. ¿Cómo se define un espacio de pared? ¿Es importante esta definición?

78. ¿Cuál es el mínimo espacio de pared en que se debe instalar un tomacorriente en una vivienda?

79. ¿Pueden las puertas de vidrio deslizantes ser consideradas como un espacio de pared?

80. ¿Cuál es la distancia mínima entre tomacorrientes en ambientes como dormitorios, sala y comedor? ¿Cómo se relaciona esto con el requerimiento de que ningún punto, medido horizontalmente sobre la línea del piso, puede estar a más de 1.80 m de un tomacorriente?

81. ¿Se puede instalar un tomacorriente encima de un equipo de calefacción? Razona tu respuesta.

82. ¿Se deben tener en cuenta aquellos tomacorrientes que forman parte integral de un equipo para determinar el número de los mismos a ser instalados en una vivienda?

83. Un tomacorriente se encuentra a una altura de 2.20 m. ¿Se debe tener en cuenta esta circunstancia para determinar el número de los mismos en una vivienda?

84. ¿A qué distancia de la pared se debe ubicar un tomacorriente de piso para ser tomado en consideración al determinar el número de los mismos a ser instalados en una vivienda?

85. ¿Qué es un tomacorriente de fase partida? ¿Cómo se conecta este tipo de tomacorriente a los conductores de alimentación? Haga el dibujo correspondiente.

86. En la cocina de una vivienda se encuentra un espacio en una pared de 40 cm. ¿Es obligatorio colocar un tomacorriente de propósito general en este espacio?

87. Hay un pasillo de 2 m en el interior de una residencia. ¿Se debe colocar un tomacorriente en ese pasillo?

88. ¿A qué distancia máxima de un equipo de aire acondicionado se debe instalar un tomacorriente?

89. Explique lo relativo a los tomacorrientes en la sala de cocina.

90. ¿Cuántos circuitos de pequeños artefactos deben alimentar a los tomacorrientes de la sala de cocina?

91. ¿Deben el refrigerador o el congelador de una sala de cocina tener un tomacorriente individual? Si la respuesta es positiva, ¿cuál es la razón?

92. ¿Se puede usar el circuito de pequeños artefactos para alimentar a los tomacorrientes de propósito general ubicados en las paredes de la sala de cocina?

93. Diga cuál de los siguientes equipos se puede conectar a los circuitos de pequeños artefactos de la sala de cocina:

a) Licuadora.   *b*) Lavadora automática de platos.   *c*) Reloj eléctrico.
d) Triturador de desperdicios.   *e*) Sistemas de encendido de cocinas.

94. ¿Cuál debe ser la distancia entre dos tomacorrientes consecutivos colocados sobre el tope de los gabinetes de una sala de cocina?

95. ¿Se deben tener en cuenta los espacios ocupados por lavaplatos, cocina y fregadero para medir la distancia entre tomacorrientes en el tope de un gabinete de cocina?

96. ¿Cuáles tomacorrientes deben ser del tipo GFCI en una sala de cocina?

97. Para un refrigerador o un congelador ubicado en la sala de cocina, ¿se necesita un tomacorriente tipo GFCI?

98. De acuerdo con lo mencionado en este capítulo, ¿cuáles son los equipos eléctricos que consumen más energía?

99. ¿Cuáles circuitos individuales se encuentran corrientemente en la sala de cocina?

100. ¿Cómo se definen una península y una isla en una sala de cocina? ¿Cuáles son los requisitos establecidos con respecto a la instalación de tomacorrientes allí?

101. ¿Por qué no se permite colocar tomacorrientes con la cara frontal hacia arriba en los gabinetes de cocina?

102. ¿A qué altura, por encima de los topes del gabinete de cocina, se deben colocar los tomacorrientes?

103. ¿Bajo qué forma se pueden instalar tomacorrientes encima de una península o una isla en una sala de cocina?

104. Describa los puntos de iluminación a considerar en una sala de cocina y en el comedor de una vivienda.

105. ¿Cuántos tomacorrientes se pueden instalar en una sala de baño?

106. En una sala de baño se coloca un tomacorriente detrás de la puerta de entrada. ¿Tiene que ser del tipo GFCI?

107. ¿A qué distancia máxima de los bordes de un lavamanos se puede colocar un tomacorriente?

108. ¿A qué distancia máxima, por debajo del tope de un gabinete de baño, se puede colocar un tomacorriente?

109. ¿Puede un circuito ramal alimentar a los tomacorrientes de una sala de baño y a los de la habitación contigua a la misma?

110. ¿Qué establecen las normas respecto a la ubicación de tomacorrientes dentro del área de la ducha?

111. Describa cómo debe ser el alumbrado en una sala de baño.

112. Explique las limitaciones sobre la colocación de luminarias en el baño.

113. Comente sobre el sitio donde se van a colocar las luminarias dentro del baño en relación con la ubicación del espejo.

114. ¿Bajo cuáles condiciones se permiten interruptores dentro del área de la bañera o de la ducha en una sala de baño?

115. En un dormitorio, la separación máxima entre tomacorrientes en las paredes es de 3.6 m. ¿Cómo se compagina esta norma con la ubicación del mobiliario propio de una habitación, el cual, eventualmente, puede dar lugar a considerar distancias menores que la señalada?

116. ¿Cuál es la utilidad de los interruptores de tres vías en los dormitorios?

117. Describa los puntos más importantes a considerar en el diseño de la instalación eléctrica de un dormitorio, teniendo en cuenta la ubicación de tomacorrientes y luminarias con sus respectivos interruptores de control.

118. ¿Qué son los interruptores por fallas de arco y por qué es importante su uso en los dormitorios de una vivienda?

119. Describa la característica de un tomacorriente de fase partida y la importancia que tienen en una instalación eléctrica.

120. Comente sobre la utilidad de tener interruptores dentro de la habitación principal de una residencia para controlar sus luces externas.

121. Describa las características de la iluminación en los dormitorios de una vivienda.

122. En el alumbrado del clóset de una habitación, defina lo que es espacio de almacenamiento en relación con la instalación de luminarias.

123. ¿Se permite la instalación de lámparas o bombillos incandescentes para iluminar los clósets de ropa? En caso negativo, explique cuál es la causa de esta prohibición.

124. ¿Se permite la instalación de lámparas o bombillos fluorescentes para iluminar los clósets de ropa? En cualquier caso, explique tu respuesta.

125. Mencione, en términos generales, las salidas eléctricas que conviene tener en la sala con respecto a luminarias, tomacorrientes e interruptores.

126. Dibuje los símbolos eléctricos utilizados en los diagramas arquitectónicos de este capítulo. Investiga sobre otros símbolos eléctricos utilizados en los planos.

127. Enumere los artefactos típicos utilizados en los lavaderos de ropa.

128. ¿Puede el circuito que alimenta al lavadero suministrar energía a tomacorrientes situados en otros ambientes?

129. ¿A qué distancia máxima de un artefacto específico se debe colocar un tomacorriente en el lavadero?

130. ¿Todos los tomacorrientes del lavadero deben ser del tipo GFCI? Explica.

131. ¿Cuáles tomacorrientes en el garaje deben ser del tipo GFCI?

132. Indique cómo debe ser la iluminación en un garaje con respecto a la ubicación de las lámparas y en relación con un automóvil estacionado.

133. Describa cómo debe ser el sistema de tomacorrientes e iluminación en el porche de una residencia. ¿Cuáles factores hay que tener en cuenta?

134. ¿Cuántas salidas de tomacorrientes se deben colocar en el exterior de una residencia? ¿Dónde deben colocarse?

135. ¿Cuáles tomacorrientes deben ser del tipo GFCI en el exterior de una residencia? ¿Cuáles deben ser a prueba de agua?

136. ¿Qué establecen las normas en cuanto a los tomacorrientes que se deben colocar en lugares húmedos o mojados en el exterior de una residencia?

137. Comente sobre la iluminación decorativa que se coloca en el exterior de una residencia, citando las características que deben tener las luces y los interruptores a utilizar.

138. ¿Se pueden usar los árboles como medios de soporte para cables en el exterior de una residencia?

139. ¿Se pueden usar los árboles como medios de soporte para luminarias?

140. Explicque el sistema de iluminación en la escalera de una vivienda.

141. ¿Cuáles restricciones se han establecido para la distancia entre los tomacorrientes y las paredes de una piscina o de una fuente de agua?

142. ¿Cuáles restricciones se han establecido para la distancia entre un interruptor y una piscina ubicada en el exterior de una residencia?

143. ¿Qué restricción existen para las luminarias encima de una piscina.

Ejercicios

En las figuras correspondientes a los problemas es recomendable ampliar los dibujos a fin de colocar los distintos elementos de la instalación eléctrica. La escala de los mismos es aproximada y, aunque se trata de vistas desde arriba, el lector debe imaginar la presencia de otros elementos, como microondas y triturador de desperdicios.

27. Las **figuras 146** a **149** corresponden a distintas distribuciones de espacios en salas de cocina y comedor. Con base en lo estudiado en este capítulo, coloque la salida para tomacorrientes, luminarias e interruptores.

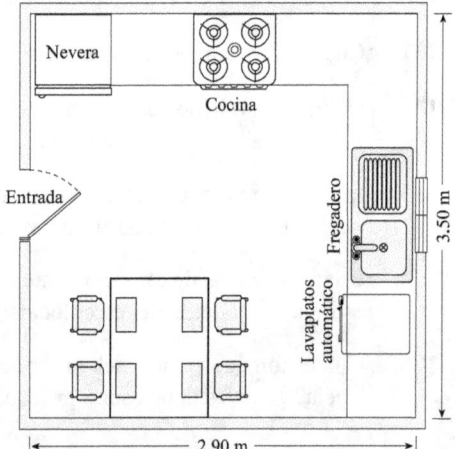

Fig. 146 Ejercicio 27 Parte (*a*)

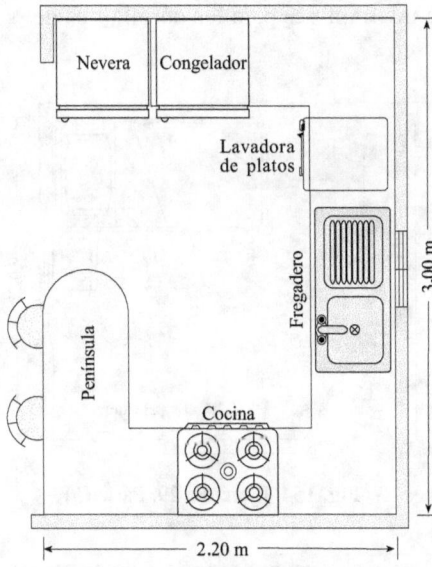

Fig. 147 Ejercicio 27. Parte (*b*)

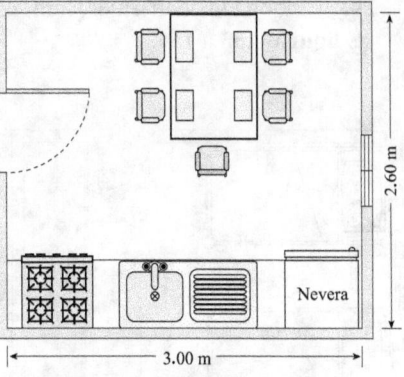

Fig. 148 Ejercicio 27. Parte (*c*)

28. Las salas de baño de las **figuras 150** a **152** requieren instalaciones eléctricas adaptadas a lo establecido por las normas. Muestre, en un dibujo, la ubicación de tomacorrientes y salidas de iluminación y de interruptores.

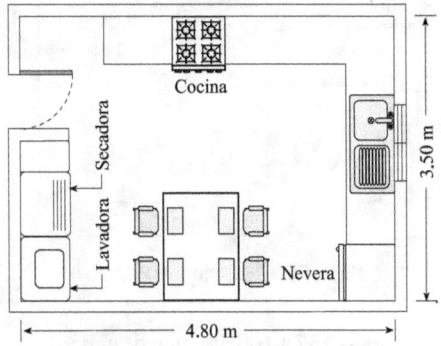

Fig. 149 Ejercicio 27. Parte (*d*)

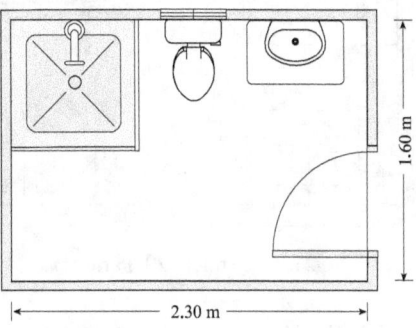

Fig. 150 Ejercicio 28. Parte (*a*)

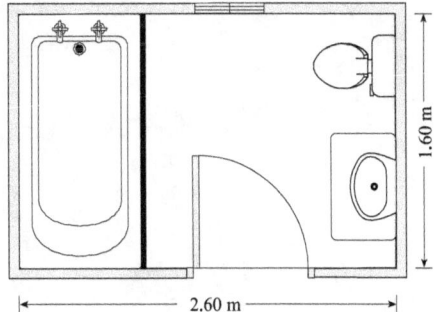

Fig. 151 Ejercicio 28. Parte (*b*)

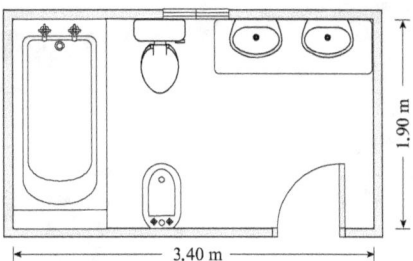

Fig. 152 Ejercicio 28. Parte (*c*)

29. Ubique tomacorrientes, luminarias e interruptores para los dormitorios de las **figuras 153** a **156**.

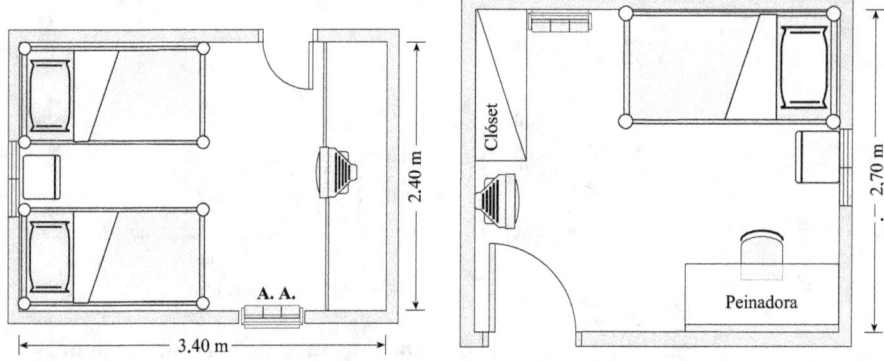

Fig. 153 Ejercicio 29. Parte (*a*)   **Fig. 154** Ejercicio 29. Parte (*b*)

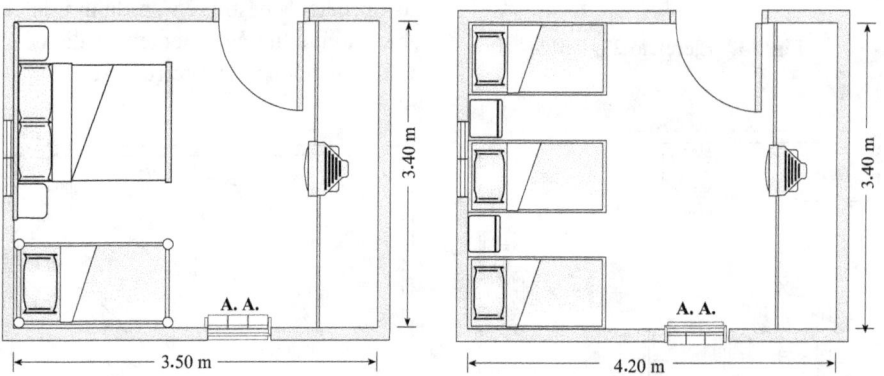

Fig. 155 Ejercicio 29. Parte (*c*)   **Fig. 156** Ejercicio 29. Parte (*d*)

30. En los planos de las páginas siguientes, **figuras 157** a **160**, ubique, de acuerdo con lo estudiado en este capítulo, los tomacorrientes, luminarias e interruptores adecuados. (Las medidas, en metros, son aproximadas.)

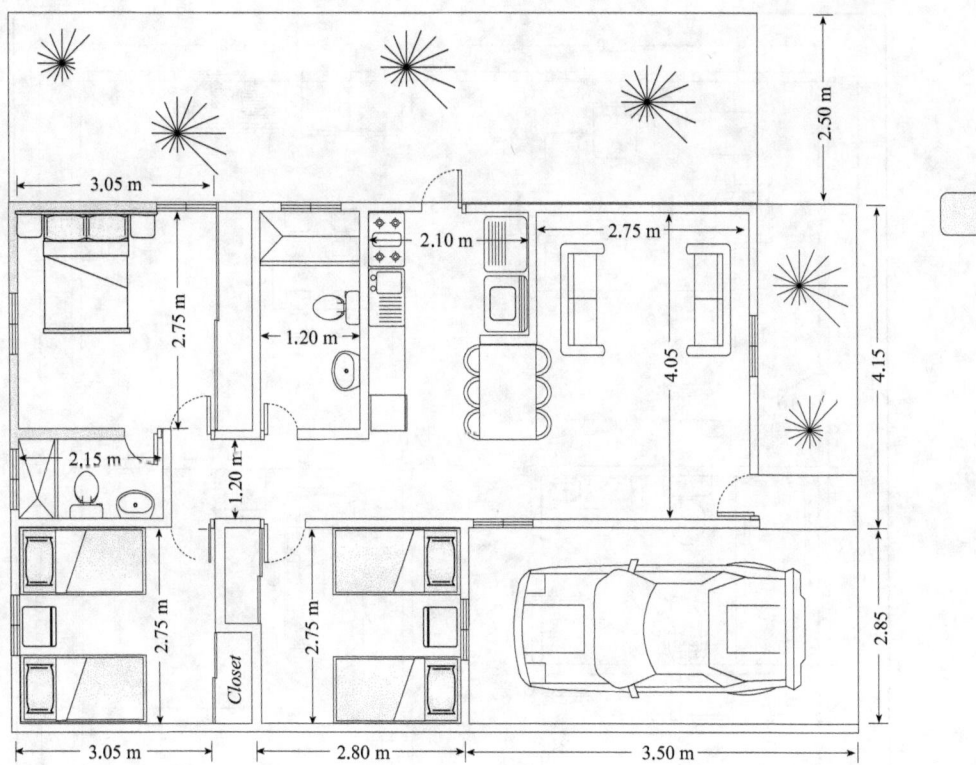

Fig. 157 Ejercicio 30.

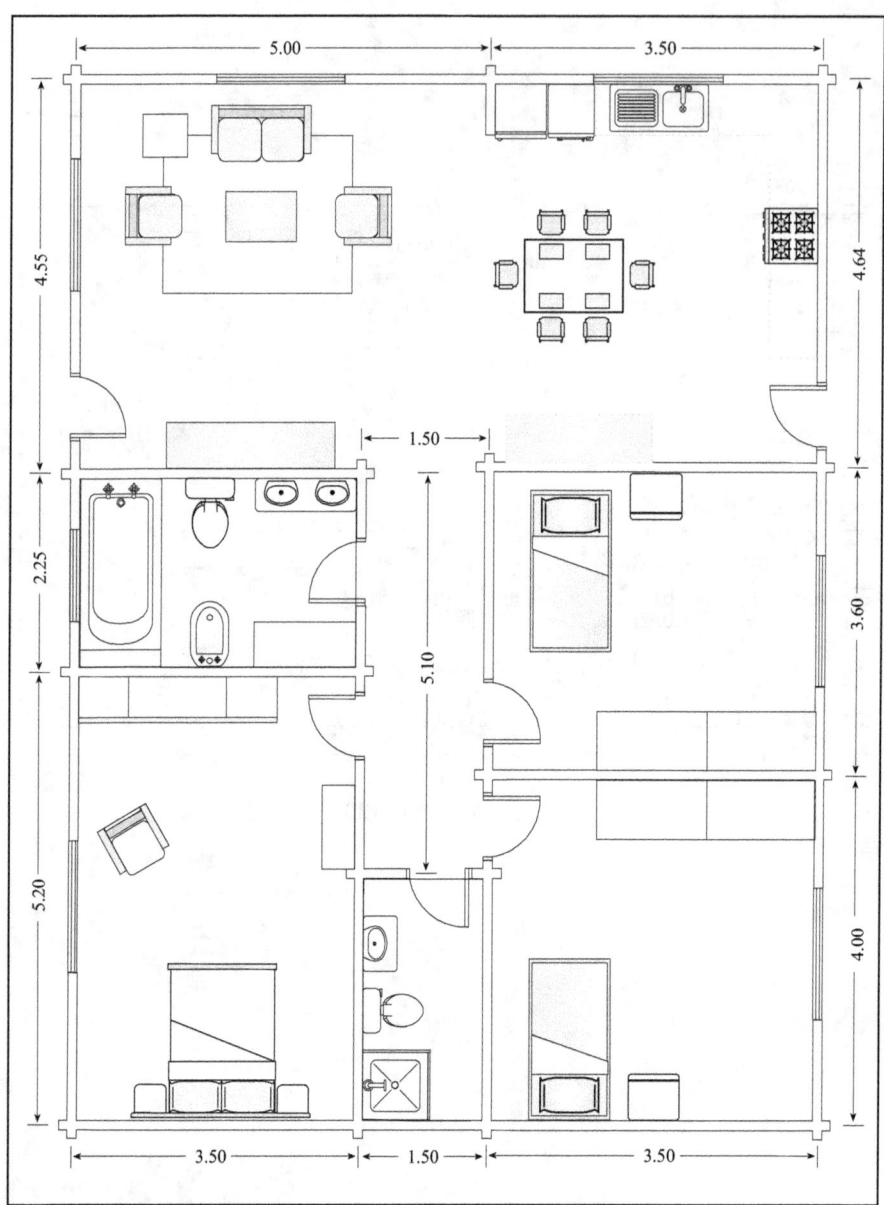

Fig. 158 Ejercicio 29.

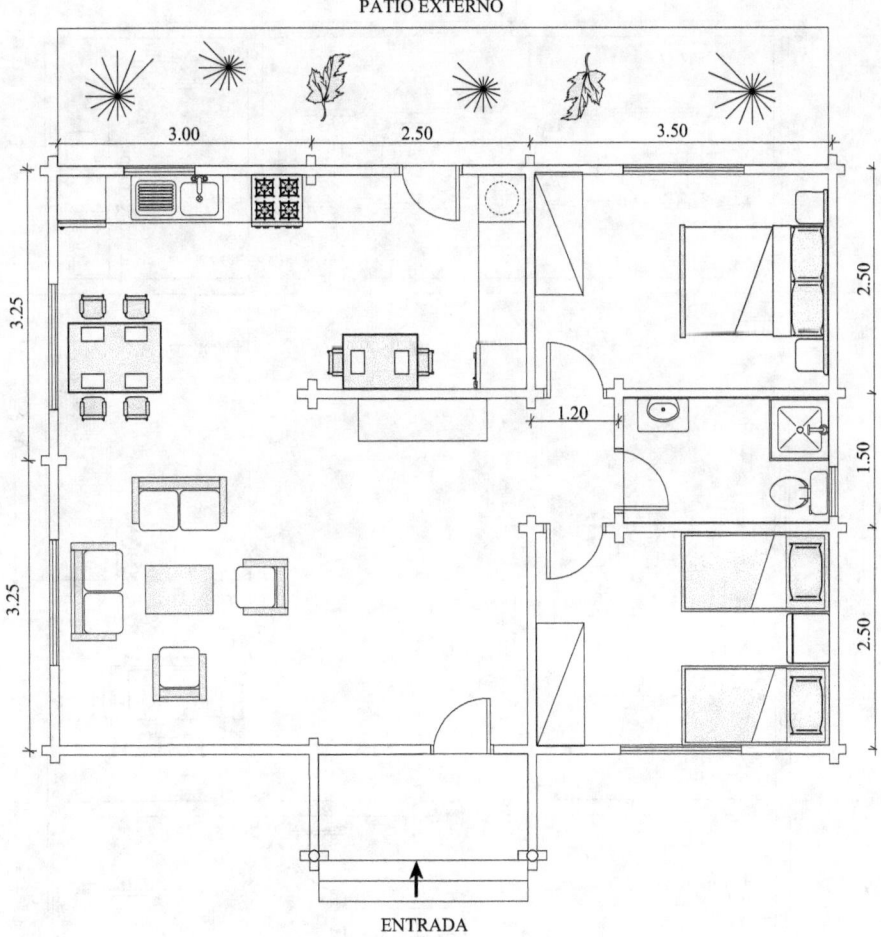

Fig. 159 Ejercicio 29. Parte (c).

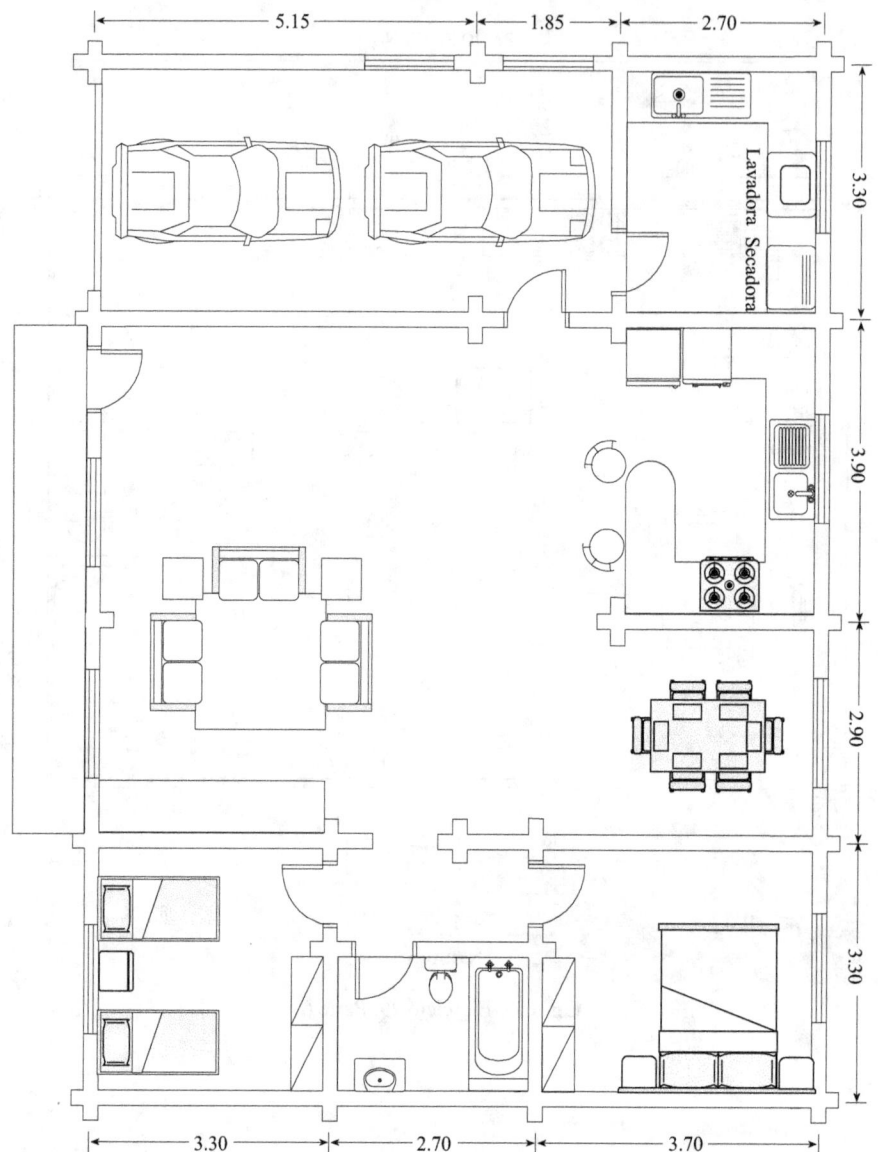

Fig. 160 Ejercicio 29. Parte (*d*).

www.ingramcontent.com/pod-product-compliance
Lightning Source LLC
Chambersburg PA
CBHW080838220526
45467CB00008B/2324